基于业务的燃气安全管理流程

李 东 黄志丰 主 编

黄河水利出版社

·郑州·

图书在版编目(CIP)数据

基于业务的燃气安全管理流程/李东,黄志丰主编.—郑州:黄河水利出版社,2020.1
ISBN 978-7-5509-2478-9

Ⅰ.①基… Ⅱ.①李… ②黄… Ⅲ.①城市燃气-安全管理-研究-中国 Ⅳ.①TU996.9

中国版本图书馆 CIP 数据核字(2019)第 178596 号

出　版　社:黄河水利出版社
　　　　　地址:河南省郑州市顺河路黄委会综合楼 14 层　　　　邮政编码:450003
发行单位:黄河水利出版社
　　　　　发行部电话:0371-66026940、66020550、66028024、66022620(传真)
　　　　　E-mail:hhslcbs@ 126.com
承印单位:河南瑞之光印刷股份有限公司
开本:787 mm×1 092 mm　1/16
印张:14.75
字数:360 千字
版次:2020 年 1 月第 1 版　　　　　　　　　　印次:2020 年 1 月第 1 次印刷

定价:58.00 元

本书编委会

主　编：李　东　黄志丰

副主编：安跃红　王　伟　覃金雄　万方敏

参　编：丁志刚　艾运汉　赵志龙　付午阳　修　俊

序

 城镇燃气作为一种清洁能源，不仅给人们生活带来了便捷，提高了生活质量，还改善了大气环境，减少了污染。但城镇燃气又具有易燃、易爆的特性，燃气经营者、燃气用户仍存在安全意识淡薄、安全知识不足、应急技能欠缺等现象，燃气火灾、爆炸等安全事故时有发生，给人民的生命财产造成了损失，与人民对美好生活的要求还有很大差距，也深深影响了燃气行业的美誉度。燃气事故涉及公共安全甚至直接影响城市运行秩序，政府已将城镇燃气上升为城市生命线工程给予重视，习近平总书记提出：发展决不能以牺牲人的生命为代价，这是一条不可逾越的红线，要时刻把保护人的生命放在首位。所以，燃气安全对社会来说是一种需求，对燃气企业来说是一份责任。

 很多燃气企业管理人员都非常重视燃气安全管理制度和规范的落地，往往忽视了跨部门、跨岗位的流程管理，总结近几年发生的燃气第三方破坏事故原因时发现，燃气企业安全管理制度有了，但跨部门的业务流转，如工程归口管理部门、监督部门以及施工单位之间管理流程，存在过程不清晰、信息不对称、节点不明确等问题。如果说业务是河流，制度是巩固河道的堤坝，那流程就像河道，我们梳理流程，就是把河道疏通顺畅，排查需要筑堤坝但没有修好堤坝的地方，进一步整改完善。所以，流程和制度并不矛盾，可以兼容并相互补充完善，要结合生产业务流程，落实安全管理制度和标准要求。

 本书由多名安全专业人员基于多年在燃气企业及燃气安全咨询过程中的工作经验，将燃气业务开展的各项工作，如输配管理、工程管理、管网运行、客户服务、应急管理等进行系统梳理，采用"流程图+流程说明"图文并茂的表述形式，明确每项活动的执行岗位，通俗易懂地剖析活动的主要管控风险点、管理过程及工作标准，让使用者快速掌握燃气安全管理脉络，虽然不同城镇燃气经营企业在规模大小、业务类型等方面有着差异，但是在燃气全生命周期管理过程中，基于业务的燃气安全管理流程思路和方法值得借鉴，可为城镇燃气经营企业和管理人员提供参考，也期望更多从事燃气工作的人员和安全领域的专家不断贡献经验和智慧，为燃气行业安全发展献计献策。

2019 年 8 月 10 日

目 录

绪论 如何使用该书

城镇燃气企业是一个没有围墙的工厂，安全管理重要且复杂，燃气安全管理涉及业务面广，如设计、工程、场站等，同时服务的对象繁多，如民用户、工业用户、商业用户等，本书期望结合国际、国内的先进安全管理理念，基于业务流程，围绕燃气安全管理的生命周期，为燃气行业安全工作者提升安全管理能力提供参考和帮助。

1.安全管理体系的差异与要素

中国城市燃气协会安全管理工作委员会组织编制了 T/CGAS002—2017《城镇燃气经营企业安全生产标准化规范》，指导燃气企业在目标职责、制度化管理、教育培训、现场管理、安全风险管控及隐患排查治理、应急管理、事故事件、持续改进等 8 个方面进行改善和评估，在安全标准化达标建设过程中，各燃气企业需要通过流程、制度梳理确保管理要求落地。

2018 年 ISO（国际标准化组织）颁布了 ISO45001—2018《职业健康安全管理体系》，相较于 OHSAS18001—2007 而言，时效性更新，在职业健康体系上的内容也更加细化，可应用性也更强（两标准对比图可见图 0-1）。ISO45001—2018 职业健康安全体系的落实有助于燃气企业进行良好的安全管理。

1	范围	OHSAS18001—2007			
2	规范性引用文件				
3	术语和定义				
4	职业健康安全管理体系要求	4.1	总要求		
		4.2	职业健康安全方针		
		4.3	策划	4.3.1	危险源辨识、风险评价和控制措施的确定
				4.3.2	法律法规和其他要求
				4.3.3	目标和方案
		4.4	实施和运行	4.4.1	资源、作用、职责、责任和权限
				4.4.2	能力、培训和意识
				4.4.3	沟通、参与和协商
				4.4.4	文件
				4.4.5	文件控制
				4.4.6	运行控制
				4.4.7	应急准备和响应
		4.5	检查	4.5.1	绩效测量和监视
				4.5.2	合规性评价
				4.5.3	事件调查、不符合、纠正措施和预防措施
				4.5.4	记录控制
				4.5.5	内部审核
		4.6	管理评审		

1	范围	ISO45001—2018	
2	规范性引用文件		
3	术语和定义		
4	组织所处的环境	4.1	理解组织及其环境
		4.2	理解员工及其相关方的需求和期望
		4.3	确定职业健康安全管理体系的范围
		4.4	职业健康安全管理体系
5	领导作用及员工参与	5.1	领导作用与承诺
		5.2	职业健康安全方针
		5.3	组织的岗位、责任、职责与权限
		5.4	参与和协商
6	策划	6.1	应对风险和机遇的措施
		6.2	职业健康安全及其实现的策划
7	支持	7.1	资源
		7.2	能力
		7.3	意识
		7.4	信息与沟通
		7.5	文件化信息
8	运行	8.1	运行策划和控制
		8.2	管理变更
		8.3	外包
		8.4	采购
		8.5	承包商
		8.6	应急准备与响应
9	绩效评价	9.1	监视、测量、分析和评价
		9.2	内部审核
		9.3	管理评审
10	改进	10.1	事件、不符合和纠正措施
		10.2	持续改进

图 0-1 两标准对比

2.基于燃气业务流程的安全管理优势

燃气安全管理作为燃气行业重点工作之一，业务覆盖燃气场站和管网建设、燃气设施运行和用户管理等多个场景，依据 PDCA 的管理原则，将 T/CGAS002—2017《城镇燃气经营企业安全生产标准化规范》要求及 ISO45001《职业健康安全管理体系》通过安全流程梳理覆盖至城镇燃气全生命周期的管理之中，以帮助燃气行业构建合理有效的安全管理系统，见图 0-2。

3.书中涉及企业管理架构及职责

目前，各燃气企业组织架构设计不尽相同，部门名称及各部门承担的职责也存在一定差

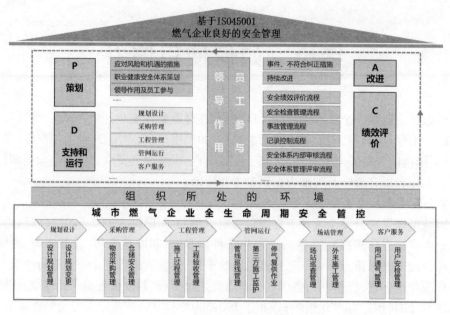

图 0-2　燃气企业安全管理系统

异,但燃气企业主要的业务类型、服务内容及方式基本相同。因此,本书作者以实际操作与各公司实际案例为基础,针对目前燃气企业普遍存在的实际情况,考虑各组织的主要职能,按照以下的组织架构(见图 0-3)作为编写基础。

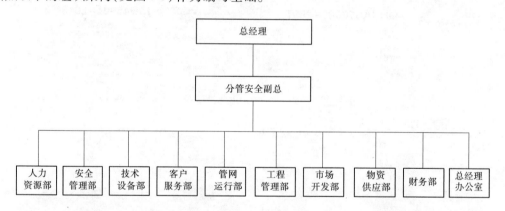

图 0-3　燃气企业组织架构

各部门与本书所包含流程相关的职责:

- 人力资源部:薪资管理、人员培训、绩效管理、组织职业健康体检等;
- 安全管理部:负责公司安全管理工作;
- 技术设备部:负责公司技术及设备管理工作;
- 客户服务部:负责客户服务工作,主要包括用户户内安检、新用户通气、户内抢维修、客户燃气隐患处置、查处违章用气、抄表及营业厅管理等工作;
- 管网运行部:负责公司管网、场站的运行管理,及调度中心管理等工作;
- 工程管理部:负责工程建设相关工作;
- 市场开发部:负责市场开发相关工作;

● 物资供应部:负责物资采购、发放及仓库的管理工作;

● 财务部:负责公司财务管理工作;

● 总经理办公室:负责公司战略管理、部门协调、支持总经理的工作、为日常安全工作提供职能支持等。

以上提及的组织架构若与某些燃气公司存在不一致之处,可参照本书所设计的组织架构及职责划分,也可联系作者具体咨询。

第1章 燃气安全管理顶层设计

燃气安全管理顶层设计是企业职业健康安全管理工作的管理纲要和整体规划,良好的策划有助于企业资源的分配、管理策略的落实及管理重点的突出,有助于企业控制职业健康安全风险。

燃气安全管理顶层设计包括安全政策制定、危险源辨识与风险评价、重大危险源管控方案与实施管理、法律法规收集与合规性评价、安全目标与方案管理、机遇识别和管理六个流程,见图1-1。

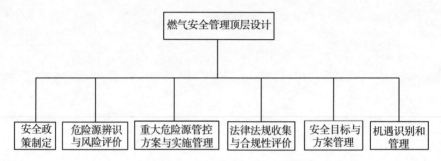

图 1-1 燃气安全管理顶层设计

各流程的主要管控风险点如下所述。

(1)安全政策制定:政策内容的确定、政策发布到位、政策的监督执行。

(2)危险源辨识与风险评价:人员能力确定、危险源分级。

(3)重大危险源管控方案与实施管理:管控方案的确定、风险级别的变动。

(4)法律法规收集与合规性评价:人员能力确定、法规清单的定期更新。

(5)安全目标与方案管理:目标的确定及分解、方案的确定、目标的定期考核。

(6)机遇识别和管理:环境风险和机遇覆盖范围的确定、管理方案的确定、方案的跟踪执行。

1.1 安全政策制定流程

1.1.1 安全政策制定流程的目的

安全政策应明确企业的安全生产及风险管理工作目标,明确各级员工的职业健康安全工作职责,以便各级员工支持该政策,并参与有关工作,达到既定的职业健康安全管理目标。

1.1.2 安全政策制定流程适用范围

本流程适用于城镇燃气公司层面的安全生产及风险管理政策制定。

1.1.3 相关定义

安全政策:是公司职业健康与安全管理活动的宗旨与原则,是公司承诺职业健康与安全管理责任和义务的公开声明,是最高管理者维护员工职业健康安全的可见性证据。

1.1.4 安全政策制定流程及工作标准

安全政策制定流程见图 1-2,安全政策制定流程说明及工作标准见表 1-1。

表 1-1　安全政策制定流程说明及工作标准

阶段	节点	工作标准	执行工具
政策制定	001	企业在每年年终,由安全管理部安全员拟制和修订企业安全政策。拟制、修订安全政策的依据如下: 1.国家有关的职业健康安全法律、法规及其他要求; 2.企业职业健康与安全管理现状; 3.企业生产经营活动中的重大危险源管控状况; 4.企业管理和总体规划,以及安全管理工作规划等; 5.相关方的合理要求	安全生产责任制
	002	安全管理部提出要求,各部门根据工作职责和权限提出意见、建议或方案,安全管理部门根据有关法规标准要求对意见建议或方案进行分析,提出解决方案供讨论,讨论后决定采用的方案(批准)	
批准发布	003	主管安全领导审批	文件审查会签表、文件审批单
	004A	安全政策会审:分管安全副总主持会审工作,总经理及公司安委会成员参加会审,提出修订意见	
	004B		
	004C		
	004D		
	005	会审通过后的安全政策报总经理批准,批准后,由安全管理部门安排发布事宜	
宣贯执行	006	安全管理部组织进行安全政策的发布。安全管理部负责人组织各部门负责人主动将安全政策传达至企业各部门、各分公司;同时,安全管理部应组织制作安全政策的文本、印刷品等,并及时发放到各部门、分公司,由各单位在其办公区域、生产场所等处进行张贴、发布	文件发布令、会议签到表
	007	企业各部门、分公司获取最新发布的安全政策后,应在 3 个月内组织本单位的全体员工进行培训,并使员工充分理解并执行	
	008	安全管理部根据评审工作需要确定人选,组成评审小组,根据流程活动 001 中的各项依据,就安全政策的适宜性予以评价;当国家职业健康、安全生产法律法规以及安全政策的其他制定依据发生较大变化时,应由安全管理部及时组织对政策进行调整、评审	

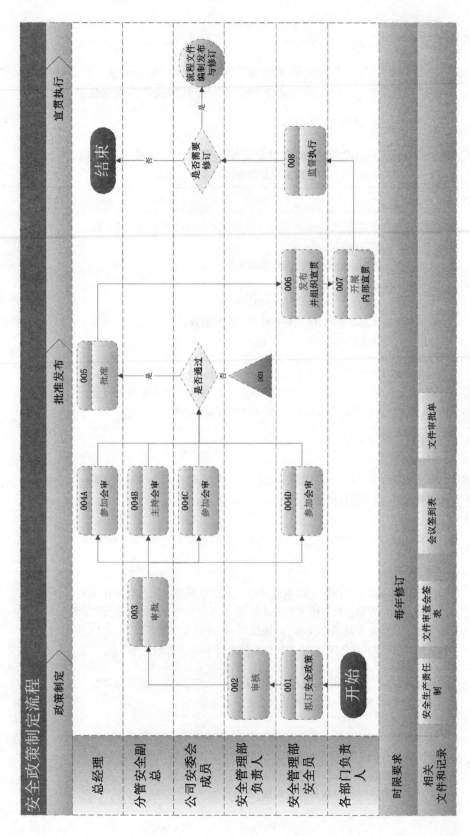

图 1-2 安全政策制定流程

1.1.5 关键绩效指标

职业健康安全政策制定流程关键绩效指标见表1-2。

表1-2 职业健康安全政策制定流程关键绩效指标

序号	指标名称	指标公式
1	宣贯覆盖率	宣贯覆盖率=已宣贯员工数量/员工总数×100%

1.1.6 相关文件

安全生产责任制

1.1.7 相关记录

职业健康安全政策制定流程相关记录见表1-3。

表1-3 职业健康安全政策制定流程相关记录

记录名称	保存责任者	保存场所	归档时间	保存期限	到期处理方式
文件审查会签表	安全管理部内勤	安全管理部	结束后	3年	封存
文件审批单	安全管理部内勤	安全管理部	结束后	3年	封存
会议签到表	安全管理部内勤	安全管理部	结束后	3年	封存

1.1.8 相关法规

《中华人民共和国安全生产法》
《中华人民共和国职业病防治法》
《职业健康安全管理体系 要求及使用指南》ISO 45001
《企业安全生产标准化基本规范》GB/T 33000
《城镇燃气经营企业安全生产标准化规范》T/CGAS 002

1.2 危险源辨识与评价流程

1.2.1 制定危险源辨识与评价流程的目的

为了建立并保持危险源辨识与风险评价工作流程,对全公司各单位的危险源进行辨识,对危害风险进行评估,以便对其加以控制,减轻或消除其影响,特制定本流程。

1.2.2 危险源辨识与评价流程适用范围

本流程适用于城镇燃气公司生产经营范围内危险源的辨识与风险的评估。

1.2.3 相关定义

危险:可能造成人员受伤或疾病等伤害的根源、状态或行为,或它们的组合。

风险:危险事件发生或暴露的可能性与由该事件发生或暴露导致的伤害或疾病的严重程度的组合。

风险评估:评估来自危险的风险、考虑现有控制的适当性和决定该风险是否可接受的过程。

1.2.4　危险源辨识与评价流程及工作标准

危险源辨识与评价流程见图 1-3,危险源辨识与评价流程说明及工作标准见表 1-4。

表 1-4　危险源辨识与评价流程说明及工作标准

阶段	节点	工作标准	执行工具
提出危险源辨识评价需求	001	各部门负责人根据法规、标准和相关方的要求,根据部门生产活动的业务范围,提出危险源辨识和风险评价需求。 安全管理部门应根据公司生产经营活动状况,组织制订危险源识别与风险评价计划。 确定公司危险源辨识与风险评价范围及实施部门、人员的职责,根据评价范围及工作需要确定人选,一般情况下,应选取所评价生产经营活动的管理部门或分公司的分管副经理、安全管理人员以及站、队负责人等组成辨识评价组,并确认评价组组长人选以及该评价组的危险源评价范围	—
	002	安全管理部项目组成员依据安全管理部经理要求,拟订工作计划,确定危险源辨识与风险评价的要求和原则。一般情况下危险源辨识与评价应遵循以下要求: 1.覆盖公司所有活动、产品及服务的全过程; 2.考虑各单位的管理范围内所有生产经营活动、设备、设施,以及相关方的活动及要求; 3.考虑过去、现在和将来三种时态,正常、异常和紧急三种状态; 4.结合所辨别的危害发生的可能性及后果的严重性,决定其风险的大小以及其是否为可以容忍的风险。 评价的依据应包括但不限于以下内容: 1.有关的职业健康与安全法律法规及其他要求; 2.公司有关职业健康与安全管理状况及历史记录; 3.影响的规模和范围、程度大小、发生频率和概率、持续时间及控制现状等; 4.相关方利益	
	003	安全管理部负责人对工作计划进行审核,提出修改意见,并报分管安全副总进行审批	
	004	分管安全副总对危险源辨识与评价工作计划批准后由安全管理负责人组织相关人员进行辨识与评价方法培训	

续表 1-4

阶段	节点	工作标准	执行工具
辨识前准备	005A	安全管理部负责人依据职业健康安全管理体系的要求、危险源辨识及风险评价知识、相关法律法规的要求,在危险源辨识与评价范围、方法确定后,组织各部门相关人员进行必要的培训,明确各级人员的职责及分工,提供危险源辨识策划及评价表等记录清单	培训教育记录表
	005B	参加危险源辨识及风险评价方法的培训,确认职责及分工	
	005C		
	005D		
	005E		
	006A	各部门负责人在参加培训后,组织本部门员工进行危险源辨识与风险评价方法培训,并要求员工积极参加危险源辨识,找出工作中可能存在的危险源	
	006B	员工参加本部门组织的危险源辨识与风险评价方法培训,学习危险源辨识方法	
危险源辨识与评价	007A	各部门负责人组织本部门评价组成员开展危险源辨识活动,依据本部门的危险源评价范围,综合考虑各项活动中涉及的人员、设备、工艺设施、用电、环境情况、安全标志、可能的事故、可能的事件、劳动防护用品、饮食卫生、消防、物资、土建施工、外部相关方、工作时间等因素,将部门内的人员分成若干小组,对存在的危险源进行充分辨识	危险源辨识策划及评价表
	007B	各部门安全员根据部门内的分工开展危险源辨识活动,把控本部门各小组的工作进度,对危险源辨识与风险评价工作进行指导	
	007C	各部门项目组成员指导参与本部门危险源的辨识工作	
	007D	员工依据本岗位危险源评价范围,综合考虑各项活动中可能存在的危险因素,对存在的危险源进行充分辨识,并记录在危险源辨识策划及评价表中,将结果报至本部门项目组成员	
	008A	1.各部门负责人按照评价工作的进度安排,在规定时间内,要求各小组按时提交危险源辨识策划及评价表,项目组成员对各小组提交资料进行检查,对描述不规范、遗漏、重复、错误的地方进行修改,将所有的危害因素进行分类。	
	008B		
	008C	2.各部门项目组成员根据《危险源辨识与评价工作规范》的要求,组织各小组对本部门危险源辨识策划及评价表中所有的危险源进行风险评价,并描述其危害程度,确定本部门的重要危险源,并记录在重要危险源清单中。	
	008D	3.本部门所有的危险源辨识评价记录均应由项目组成员保存,以备查找	

续表 1-4

阶段	节点	工作标准	执行工具
危险源辨识与评价	009	各部门项目组成员将本部门危险源辨识结果进行汇总,汇总后正式的危险源辨识策划及评价表、重要危险源清单报至本部门负责人审核	危险源辨识策划及评价表
	010	各部门负责人针对本部门项目组成员确认后的危险源辨识及评价结果进行审核,并提出审核意见,若提出修改的,由本部门项目组成员组织进行危险源辨识及风险评价资料的调整。审核通过后,由本部门项目组成员保存结果,同时在安全管理部备案,并将重大危险源上报至安全管理部	
审批发布	011	安全管理部项目组成员对各部门上报的危险源辨识结果备案存档	
	012	各部门负责人将本部门重大危险源上报至安全管理部	
	013	安全管理部项目组成员将各部门上报的重大危险源进行汇总后上报至安全管理部负责人	
	014	安全管理部负责人对重大危险源进行审核,并将结果上报至分管安全副总	
	015	分管安全副总对重大危险源进行审核,并将结果上报至总经理	
	016	总经理对重大危险源进行批准,若提出修改调整的,由管理者代表组织进行重大危险源资料的调整	
	017	1.定期评审有效性:安全管理部负责人及安全管理部项目组成员应组织各部门负责人、项目组成员每年对本单位危险源辨识、风险评价及风险控制措施进行有效性评审,通过评审,对不适宜的内容进行修改。 2.临时性的更新:当下列情况发生时各部门负责人及项目组成员应立即对有关内容进行修改: (1)本单位的活动或提供的服务发生变化; (2)适用的法律法规和其他要求发生变化; (3)事故、事件、严重不符合项的出现; (4)内审、管理评审、第三方审核后提出的要求; (5)设备设施发生较大变化; (6)重大的相关方投诉; (7)其他情况需要时。 3.各单位评价组应及时将危险源的更新情况书面反馈至安全管理部,由安全管理部及时更新公司危险源辨识策划及评价表	—

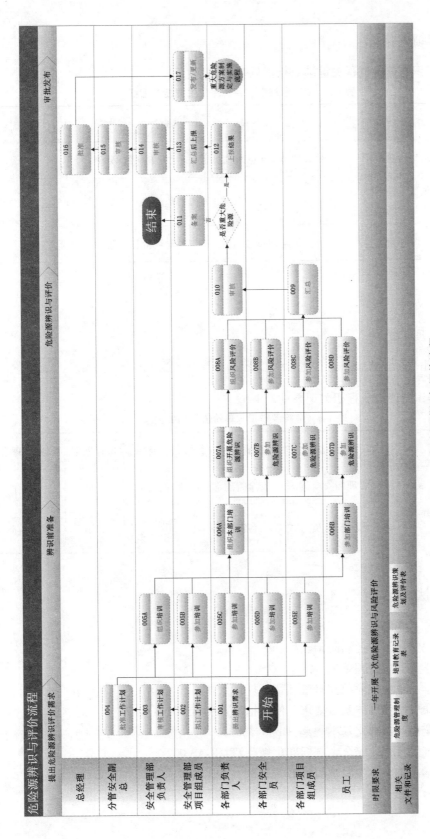

图 1-3　危险源辨识与评价流程

1.2.5 关键绩效指标

危险源辨识与评价流程关键绩效指标见表1-5。

表1-5 危险源辨识与评价流程关键绩效指标

序号	指标名称	指标公式
1	培训覆盖率	培训覆盖率=已培训员工数量/员工总数×100%
2	员工危险源辨识参与率	员工危险源辨识参与率=参与危险源辨识员工数/员工总数×100%
3	员工风险评价参与率	员工风险评价参与率=参与风险评价员工数/员工总数×100%

1.2.6 相关文件

危险源管理制度

1.2.7 相关记录

危险源辩识与评价流程相关记录见表1-6。

表1-6 危险源辩识与评价流程相关记录

记录名称	保存责任者	保存场所	归档时间	保存期限	到期处理方式
培训教育记录表	安全管理部安全员	安全管理部	培训结束	3年	封存
危险源辨识策划及评价表	各部门安全员	各部门	危险源辨识结束	3年	封存

1.2.8 相关法规

《中华人民共和国安全生产法》
《中华人民共和国职业病防治法》
《危险化学品安全管理条例》
《危险化学品重大危险源监督管理暂行规定》
《职业健康安全管理体系 要求及使用指南》ISO 45001
《企业安全生产标准化基本规范》GB/T 33000
《城镇燃气经营企业安全生产标准化规范》T/CGAS 002
《危险化学品重大危险源辨识》GB 18218

1.3 重大危险源管控方案与实施管理流程

1.3.1 重大危险源管控方案与实施管理流程的目的

重大危险源控制管理是一项系统工程,主要任务是对重大危险源的普查辨识登记,进行检测评估,实施监控防范,对有缺陷和存在事故隐患的危险源实施治理。通过对重大危险源的控制管理,使企业强化内部管理,落实措施,自主保安,实现重大危险源监督管理工作的科学化、制度化和规范化。

本流程的目的是对已经评价出来的重大危险源按照正确的流程制订最适宜的管控方案,并按照流程进行管控和实施,确保重大危险源始终处于控制之中,杜绝事故的发生。

1.3.2 重大危险源管控方案与实施管理流程适用范围

本流程适用于城镇燃气公司生产经营范围内重大危险源的管控。

1.3.3 相关定义

危险源辨识:认识存在的危险并确定其特征的过程。

可接受的风险:其程度已降低到组织考虑其法律义务和职业健康与安全管理方针后能容忍水平的风险。

相关方:关注组织职业健康与安全管理绩效或受其影响的工作场所之内或之外的个人或团体。

1.3.4 重大危险源管控方案与实施管理流程及工作标准

重大危险源管控方案制订与实施管理流程见图1-4,重大危险源管控方案制定与实施管理流程说明及工作标准见表1-7。

表1-7　重大危险源管控方案制订与实施管理流程说明及工作标准

阶段	节点	工作标准	执行工具
方案编制	001	经危险源辨识与评价得到高风险危险源目录后,安全管理部负责人根据公司重大危险源管理制度的要求,提出重大危险源管理方案的总体要求	危险物重大危险源管理制度
	002	安全管理部安全员根据编制方案的总体要求组织各部门根据辨识出来的高风险项编制重大危险源管理方案,并对编制过程中遇到的问题进行协调解决	
方案审核	003	相关部门安全员根据安全管理部下发的编制要求,实施方案编制工作	—
	004	相关部门负责人根据编制要求,结合本部门辨识出的高风险项目审核监控措施和管理方案	

阶段	节点	工作标准	执行工具
方案审核	005	各部门制订的重大危险源监控与管理方案交由安全管理部负责人审核,依据危险源辩识及风险评价知识、相关法律法规的要求,核准重大危险源监控与管理措施是否合理、全面,有问题的及时向各部门负责人反馈,尽快进行修改	—
	006	分管安全副总审核方案的可行性与可实施性,存在问题实时要求相关部门负责人及时解决	
	007	总经理对方案进行审批,批准方案实施	
方案实施	008A	安全管理部安全员对方案的实施状况进行全程跟踪,定期抽查方案实施的进展	重大危险源普查登记表
	008B	相关部门负责人对方案的实施负责,实施过程中出现的问题及时进行处理和记录,并提出方案修改建议	
	008C	相关部门安全员对经批准后的监控方案监督具体操作人员实施,并做好实施中存在问题的环节的记录,并及时向部门负责人反馈	
	008D	相关部门员工具体实施管理方案,对方案的实施负直接责任,存在问题及时反馈,寻求解决方法	
方案总结	009	方案实施过程中如果由于方案的实施,危险源的风险级别发生了变化,则依照公司危险物品及重大危险源管理制度的规定,进入危险源辩识与评价流程;如果不需要调整风险级别,则根据方案实施的结果编制方案实施总结报告,全面阐述方案实施过程	—
	010	相关部门负责人对总结报告进行初步审阅	
	011	安全管理部负责人对总结报告进行评估	
	012	分管安全副总对总结报告进行审核	
	013	总经理对总结报告进行审批	
	014A	安全管理部安全员对过程中关键文件资料及方案和报告进行备案	
	014B	相关部门安全员对全过程中产生的文件和资料及实施结果照片等资料进行存档	

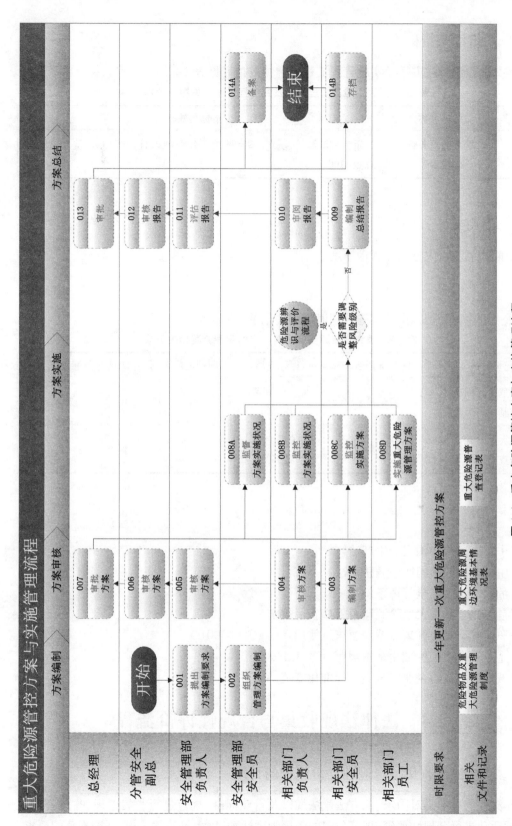

图 1-4 重大危险源管控方案与实施管理流程

1.3.5 关键绩效指标

重大危险源管控方案及实施管理流程关键绩效指标见表 1-8。

表 1-8 重大危险源管控方案及实施管理流程关键绩效指标

序号	指标名称	指标公式
1	重大危险源管控覆盖率	重大危险源管控覆盖率＝重大危险源纳入日常管控数/重大危险源总数×100%

1.3.6 相关文件

危险物品及重大危险源管理制度

1.3.7 相关记录

重大危险源管控方案及实施管理流程相关记录见表 1-9。

表 1-9 重大危险源管控方案及实施管理流程相关记录

记录名称	保存责任者	保存场所	归档时间	保存期限	到期处理方式
重大危险源周边环境基本情况表	安全员	安全管理部、各部门	一周	2 年	封存
重大危险源普查登记表	安全员	安全管理部、各部门	一周	2 年	封存

1.3.8 相关法规

《中华人民共和国安全生产法》
《中华人民共和国职业病防治法》
《危险化学品安全管理条例》
《危险化学品重大危险源监督管理暂行规定》
《职业健康安全管理体系 要求及使用指南》ISO 45001
《企业安全生产标准化基本规范》GB/T 33000
《城镇燃气经营企业安全生产标准化规范》T/CGAS 002

1.4 法律法规收集与合规性评价流程

1.4.1 法律法规收集与合规性评价流程的目的

本流程的目的是对国家、地方法律法规以及行业标准、规范进行收集整理,并对公司生产经营活动进行合规性评价,规范公司的各项管理活动,以满足法律法规、标准规范的要求。

1.4.2 法律法规收集与合规性评价流程适用范围

本流程适用于对国家、地方法律法规以及行业标准、规范的收集整理,对城镇燃气公司生产经营活动进行合规性评价。

1.4.3 相关定义

合规性评价:企业或者组织为了履行遵守法律法规要求的承诺,建立、实施并保持一个或多个程序,以定期评价对适用法律法规的遵循情况的一项管理措施。

1.4.4 法律法规收集与合规性评价流程及工作标准

法律法规收集与合规性评价流程见图 1-5,法律法规收集与合规性评价流程说明及工作标准见表 1-10。

表 1-10 法律法规收集与合规性评价流程说明及工作标准

阶段	节点	工作标准	执行工具
提出需求	001	安全管理部安全员根据公司安全管理需要,以及国家法律法规的变化情况提出合规性评价需求。合规性评价每年进行一次	—
	002	安全管理部安全员根据合规性评价需求,拟订评价工作计划,工作计划内确定评价范围。将拟好的工作计划报部门负责人审核	
	003	安全管理部负责人审核工作计划,提出修改意见,并将工作计划报管理者代表批准	
	004	分管安全副总对安全管理部报至的合规性评价工作计划批准	
合规性评价	005A	安全管理部负责人组织项目组成员进行合规性评价方法培训,并提出相关要求	法律法规清单、合规性评价记录
	005B	安全管理部安全员参加合规性方法培训	
	005C	项目组成员参加合规性方法培训	
	006	项目组成员筛选与本单位生产经营活动有关的法律法规、标准规范以及其他应遵循的要求,按时效性和适用范围识别相关条款,输出适用的法律法规、燃气标准规范以及其他要求清单。将上述法律法规、燃气标准规范与企业生产经营活动相关要求的条款编制成清单,输出法律法规、燃气标准规范及其他要求清单	
	007	安全管理部安全员将项目组成员收集的法律法规、燃气标准规范及其他要求清单进行汇总,并与安全管理部负责人确认法律的有效性	
	008	由项目组成员每年组织进行一次合规性评价,并提出年度合规性评价工作要求,对公司应遵守的法律法规、燃气标准规范的执行情况做出客观评价,输出合规性评价记录	

阶段	节点	工作标准	执行工具
合规性评价	009	安全管理部安全员汇总整理各单位输出的合规性评价记录,就法律法规执行情况进行客观描述,就评价工作产生的管理数据进行收集整理分析,就完全未满足或未能完全满足法律法规的有关工作进行分析,就存在的管理风险提出管理措施建议	法律法规清单、合规性评价记录
	010	安全管理部负责人对提交的合规性评价报告审核,并报管理者代表审核	
	011	由分管安全副总针对安全管理部编制的合规性评价报告进行审核,并提出审核意见,若提出修改的,由安全管理部组织进行修改。审核通过后,由分管安全副总提交至公司总经理	
发布更新	012	公司总经理对合规性评价报告内容进行批准确认,若提出修改调整的,由分管安全副总组织进行调整	—
	013	安全管理部安全员对收集整理的合规性评价清单,进行定期更新。当发生法律法规、标准规范新颁布、废止、条款修订时,应就新的法律法规、燃气标准规范的实施、执行情况进行评价	

1.4.5 关键绩效指标

法律法规收集与合规性评价流程关键绩效指标见表 1-11。

表 1-11 法律法规收集与合规性评价流程关键绩效指标

序号	指标名称	指标公式
1	合规率	合规率=法律法规合规数量/收集法律法规总数×100%

1.4.6 相关文件

职业健康安全管理手册

1.4.7 相关记录

法律法规收集与合规性评价流程相关记录见表 1-12。

表 1-12 法律法规收集与合规性评价流程相关记录

记录名称	保存责任者	保存场所	归档时间	保存期限	到期处理方式
培训签到表	安全管理部安全管理员	安全管理部	每年更新完成	3年	封存
法律法规清单	安全管理部安全管理员	安全管理部	每年更新完成	3年	封存
合规性评价记录	安全管理部安全管理员	安全管理部	每年更新完成	3年	封存

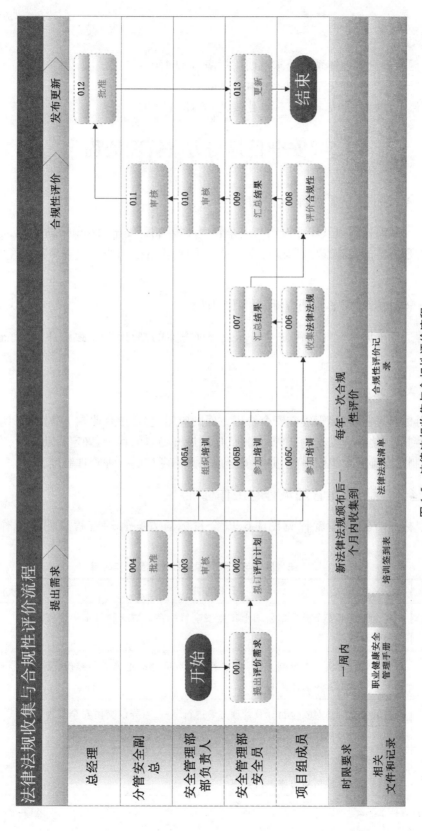

图 1-5 法律法规收集与合规性评价流程

1.4.8 相关法规

《职业健康安全管理体系 要求及使用指南》ISO 45001

《企业安全生产标准化基本规范》GB/T 33000

《城镇燃气经营企业安全生产标准化规范》T/CGAS 002

1.5 安全目标与方案管理流程

1.5.1 安全目标与方案管理流程的目的

根据公司战略规划以及职业健康与安全管理政策,制订安全目标和管理方案,通过目标的固化和管理方案的实施,以及跟踪评审和动态管理,实现公司职业健康与安全管理体系的持续改进。

1.5.2 安全目标与方案管理流程适用范围

本流程适用于城镇燃气公司安全目标及管理方案的制订,以及跟踪评审、动态管理工作。

1.5.3 相关定义

安全目标管理:是目标管理在安全管理方面的应用,它是指企业内部各个部门以至每个职工,从上到下围绕企业安全生产的总目标,层层展开各自的目标,确定行动方针,安排安全工作进度,制定实施有效组织措施,并对安全成果严格考核的一种管理制度。

1.5.4 安全目标与方案管理流程与工作标准

安全目标与方案管理流程见图 1-6,安全目标与方案管理流程说明及工作标准见表 1-13。

表 1-13 安全目标与方案管理流程说明及工作标准

阶段	节点	工作标准	执行工具
方案起草审批	001	安全管理部安全员根据公司上年度安全目标完成情况制订本年度安全目标及管理方案	—
	002	安全管理部负责人审阅方案,对方案中存在问题的地方进行修改,交由安全管理部安全员重新起草	
	003	分管安全副总对安全目标及管理方案进行审核,有异议交由安全管理部负责人进行修改	
	004	总经理审核	
	005	全体安委会成员对方案进行会审	

续表 1-13

阶段	节点	工作标准	执行工具
方案实施	006	会审通过后,由总经理签署目标管理实施方案	安全生产管理目标责任书及责任制度
	007	安全管理部安全员发放签署文件	
	008A	安全管理部安全员组织实施安全目标管理方案	
	008B	各部门负责人组织落实方案	
	008C	各部门安全管理人员组织实施安全目标管理方案,签署安全目标责任书	
	009A	总经理跟踪评审公司整体年度安全目标管理方案	年度管理方案实施记录
	009B	分管安全副总跟踪评审公司整体年度安全目标管理方案落实情况	
	009C	安全管理部安全员每半年组织人员对照安全目标对各部门进行考核一次,如果目标没有偏差则进入下一步,如果出现偏差则及时调整进入纠正、预防措施流程	
	009D	各部门负责人跟踪评审部门目标及方案落实情况	
总结反馈	010	安全管理部对各部门进行落实情况考核	安全目标及指标管理方案评审记录表
	011	安全管理部对考核结果进行存档	

1.5.5 关键绩效指标

安全目标与方案管理流程关键指标见表 1-14。

表 1-14 安全目标及方案管理流程关键绩效指标

序号	指标名称	指标公式
1	责任书签订覆盖率	责任书签订覆盖率=已签订责任书员工数/员工总数×100%

1.5.6 相关文件

安全生产管理目标及责任制度

1.5.7 相关记录

安全目标与方案管理流程相关记录见表 1-15。

表 1-15 安全目标及方案管理流程相关记录

记录名称	保存责任者	保存场所	归档时间	保存期限	到期处理方式
年度管理方案实施记录	安全员	安全管理部	年初一周	3年	封存
安全目标及指标管理方案评审记录表	安全员	安全管理部	年初一周	3年	封存
年度安全目标及方案	安全员	安全管理部	年初一周	3年	封存

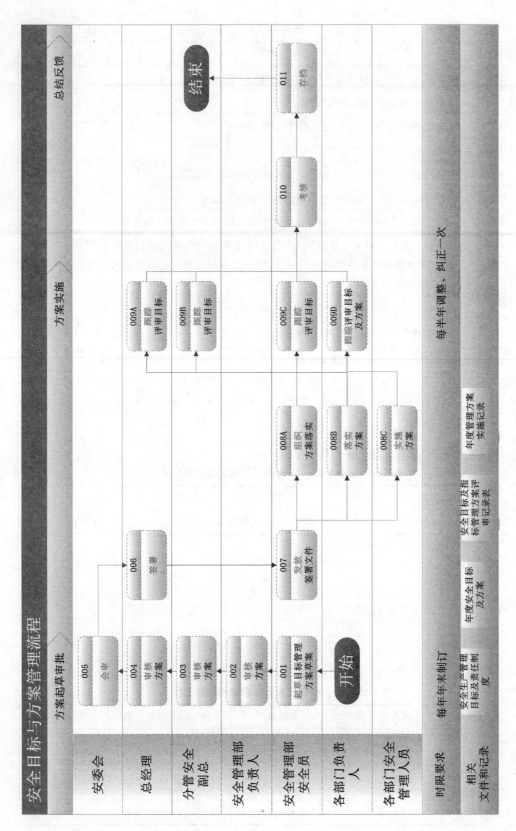

图 1-6 安全目标与方案管理流程

1.5.8 相关法规

《职业健康安全管理体系 要求及使用指南》ISO 45001
《企业安全生产标准化基本规范》GB/T 33000
《城镇燃气经营企业安全生产标准化规范》T/CGAS 002

1.6 机遇识别和管理流程

1.6.1 制定机遇识别和管理流程目的

为了建立风险和机遇的应对措施,明确包括风险应对措施、风险规避、风险降低和风险接受在内的操作要求,建立全面的风险和机遇管理措施和内部控制的建设,增强抗风险能力,特制定本流程。

1.6.2 机遇识别和管理流程适用范围

本流程适用于城镇燃气公司识别公司面临的机遇以及应对措施的采取。

1.6.3 相关定义

职业健康安全机遇:可能导致职业健康安全绩效改进的一种或一组情形。

1.6.4 机遇识别和管理流程及工作标准

机遇识别和管理流程见图1-7,机遇识别和管理流程说明及工作标准见表1-16。

表 1-16 机遇识别和管理流程说明及工作标准

阶段	节点	工作标准	执行工具
风险与机遇识别	001	安全管理部负责人负责明确风险和机遇范围,各部门项目人员负责本部门活动过程中风险和机遇的识别,并制定相应的控制措施	风险和机遇评估报告
	002A	当发生下列情况时,由安全管理部组织相关部门对风险和机遇进行识别: 1.建立质量管理体系开始时; 2.相关管理活动发生变更时; 3.生产工艺发生改变时; 4.产品和服务类型发生变更时; 5.法律法规和其他要求发生变更时; 6.其他活动所引发的新的风险时	
	002B	各业务部门项目人员根据风险和机遇识别工作需要,确定合适的人选,组成风险和机遇评估小组,参与风险和机遇评估工作	
	003	安全管理部负责人组织风险和机遇评估工作	
	004	分管安全副总审核风险和机遇评估报告,并提出修改意见	
	005	公司总经理审批风险和机遇评估报告	

阶段	节点	工作标准	执行工具
管理方案制订	006	根据评估的报告对风险采取措施,从而达到降低或消除风险的目的,风险应对的方法包括风险接受、风险降低、风险规避。 　　对风险所采取的措施应考虑尽可能地消除风险,在无法消除或暂无有效的方法或者采取消除风险方法的成本高出风险存在时造成的损失时,选择采取降低风险或者接受风险的风险应对方法。 　　风险识别和评估活动是用于识别风险并综合考虑对风险应采取的有效措施,当风险系数过高时应采取风险应对方法进行规避或者降低风险,以减少风险所带来的危害或损失。风险评估实施部门应制定详细有效的措施并予以执行,在制定措施时,应考虑以下方面的内容: 1.制定的措施应是在现有条件下可执行和可落实的; 2.制定的措施应落实到个人,每个人应完成的内容应得到明确	风险和机遇管理方案
	007	安全管理部负责人对风险和机遇管理方案进行审核,提出修改意见	
	008	分管安全副总审核风险和机遇管理方案,并提出修改意见	
	009	公司总经理审批风险和机遇管理方案	
方案实施	010	安全管理部负责人组织相关部门实施管理方案,并对措施的执行进度和效果进行跟进,并对残余风险进行确认	风险和机遇管理方案
	011	各业务部门按照审批后的风险和机遇管理方案实施管控	
	012	安全管理部应组织各部门每年对机遇进行评审,以验证其有效性。如有更新,应及时修订。机遇的评审应包含以下方面的内容 1.机遇的识别是否有效且完善; 2.机遇应对措施的完成情况和进度; 3.持续改进的机会; 4.剩余风险分析及改进措施	
	013	当出现以下情况时,应当适当增加风险和机遇的评审次数: 1.与职业健康安全、环境有关的法律法规、标准及其他要求有变化时; 2.组织机构、产品范围、资源配置发生重大调整时; 3.发生重大职业健康安全、环境事故或相关方投诉连续发生时; 4.其他认为有管理评审需要时; 5.其他情况需要时	

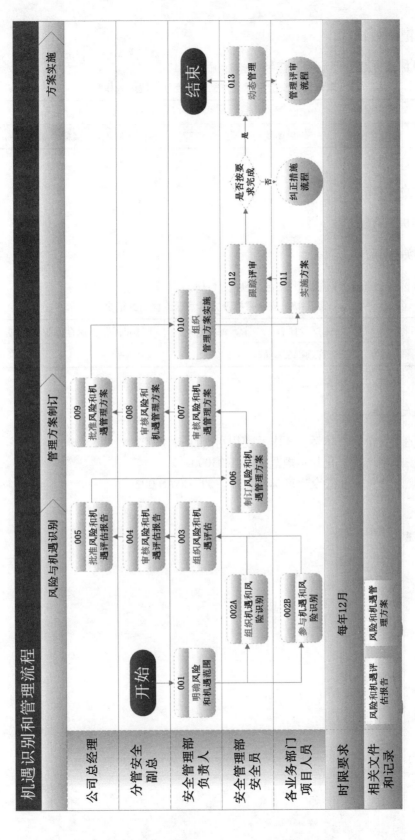

图 1-7　机遇识别和管理流程

1.6.5 关键绩效指标

安全目标及方案管理流程关键绩效指标见表1-17。

表 1-17 安全目标及方案管理流程关键绩效指标

序号	指标名称	指标公式
1	风险管控率	风险管控率=已制订管控方案的风险/识别风险总数×100%

1.6.6 相关文件

风险和机遇管理方案

1.6.7 相关记录

安全目标及方案管理流程相关记录见表1-18。

表 1-18 安全目标及方案管理流程相关记录

记录名称	保存责任者	保存场所	归档时间	保存期限	到期处理方式
风险和机遇评估报告	安全管理部安全员	安全管理部	完成后	3 年	封存

1.6.8 相关法规

《职业健康安全管理体系 要求及使用指南》ISO 45001
《企业安全生产标准化基本规范》GB/T 33000
《城镇燃气经营企业安全生产标准化规范》T/CGAS 002

第 2 章　安全基础管理

安全基础管理包括三级安全教育培训管理、日常安全培训管理、安全会议管理、安全检查管理、安全隐患管理、安全信息交流管理、员工权益管理、职业危害管理、劳动防护用品管理、动火作业管理、有限空间作业管理、高处作业管理、临时用电管理、变更管理、事故管理，如图 2-1 所示。

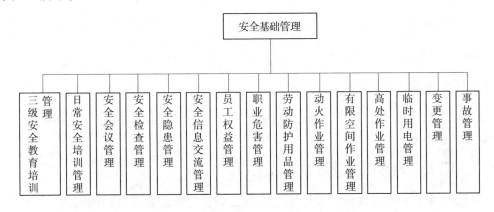

图 2-1　安全基础管理

为了保障安全基础管理各要素的落地执行，引入流程管理方法，以流程为主线，各岗位为节点，制度规范与表单为工具，明确责任，提高运行效率。

各个流程的风险管控点如下：

（1）三级安全教育培训管理：公司级、部门级和班组级安全教育的内容和课时；

（2）日常安全培训管理：培训计划的确认、培训落实情况；

（3）安全会议管理：会议资料、会议的结论和督办；

（4）安全检查管理：检查方案的确定、检查的实施、检查结果的跟进和落实；

（5）安全隐患管理：整改能力的判断、整改方案的确定、整改结果的跟踪；

（6）安全信息交流管理：方式和途径的确定；

（7）员工权益管理：保护标准的确定、保护的实施；

（8）职业危害管理：体检结果的告知、体检不合格的处理；

（9）劳动防护用品管理：劳动用品的发放、劳动用品的有效性、穿戴正确；

（10）动火作业管理：分级审批动火作业、作业条件的确认、现场监督；

（11）有限空间作业管理：分级审批有限空间作业、作业条件的确认、现场监督；

（12）高处作业管理：分级审批高处作业、作业条件的确认、现场监督；

（13）临时用电管理：审批临时作业、作业条件的确认、现场监督；

（14）变更管理：变更内容及方案的确定、文件及危险源的变更判断；

（15）事故管理：事故级别判断、事故升级管理、预案响应及时、事故责任判断。

2.1 三级安全教育培训管理流程

2.1.1 三级安全教育培训管理流程的目的

本流程的目的是建立并描述新员工进入公司以及员工转岗后,人力资源部牵头组织公司级安全教育,安全管理部提供技术支持、协同培训服务及对教育培训结果进行考核,并组织各部门、各班组对需要进行三级安全教育培训的人员进行部门级、班组级安全教育培训,及时建立三级安全教育培训档案。

2.1.2 适用范围

本流程适用于公司所有需要进行三级安全教育培训的部门和人员。

2.1.3 相关定义

三级安全教育:是指新入职人员公司级、部门级、班组级安全教育培训,是企业安全生产教育制度的基本形式。

2.1.4 三级安全教育培训管理流程及工作标准

三级安全教育培训管理流程见图2-2,三级安全教育培训管理流程说明及工作标准见表2-1。

表2-1 三级安全教育培训管理流程说明及工作标准

阶段	节点	工作标准	执行工具
培训前准备	001A	公司新员工/转岗员工按照公司人力资源部通知要求及时到公司报到	培训试题
	002	新员工报到,办理好相关入职手续后,人力资源部安排好培训地点和时间,通知安全管理部组织对新员工的公司级安全教育培训	
	003	安全管理部安全员根据人力资源部培训时间要求,准备好安全教育培训资料、课件及考核试卷	
实施公司级培训	004A	安全管理部安全员对新员工进行三级安全教育培训,培训资料包括安全课件、安全培训视频等	三级安全教育卡
	004B	新员工/转岗员工准时到培训地点参加入职培训和公司级安全教育培训	
	005	安全管理部安全员根据培训需要,对新员工进行安全教育培训效果考核;对公司级安全培训试卷进行批阅,并在三级安全教育卡上填写公司级考核成绩并签字,如果考核不合格则需要新员工重新学习,安全管理部安全员重新组织考核,未经考核合格者不得上岗	

阶段	节点	工作标准	执行工具
实施部门级培训	006	新员工经公司安全教育考核合格后,由各部门组织部门级安全教育,并进行考核;需要进行部门级安全教育的转岗员工,直接进行部门级安全教育;部门级安全教育考核合格者,由部门专兼职安全员在三级安全教育卡上填写部门级安全教育情况,并签字进行确认	三级安全教育卡
实施班组级培训及存档	007	新员工分配到各班组后,由班组安全员进行班组级安全教育,并进行班组考核;班组级安全教育考核合格者,由班组兼职安全员在三级安全教育卡上填写班组级安全教育情况,并签字进行确认	三级安全教育卡
	008A	人力资源部向各部门专兼职安全员收回三级安全教育卡,并对考试试卷和三级安全教育卡进行存档,各部门存档部门和班组安全教育资料	
	008B		
	001B	按照公司下发的人事调动通知及时办理交接手续,到调动后的部门或者班组报到	

2.1.5 流程关键绩效指标

三级安全教育培训管理流程关键绩效指标见表 2-2。

表 2-2 三级安全教育培训管理流程关键绩效指标

序号	指标名称	指标公式
1	三级安全教育覆盖率	三级安全教育覆盖率 = 进行三级安全教育人数/需进行三级安全教育总人数×100%

2.1.6 相关文件

安全教育培训制度

2.1.7 相关记录

三级安全教育培训管理流程相关记录见表 2-3。

表 2-3 三级安全教育培训管理流程相关记录

记录名称	保存责任者	保存场所	归档时间	保存期限	到期处理方式
培训教育记录表	安全管理员	安全管理部、各部门	2 天	永久	—
培训试题	安全管理员	安全管理部、各部门	2 天	永久	—
安全教育培训台账	安全管理员	安全管理部、各部门	2 天	永久	—
三级安全教育卡	安全员	安全管理部、各部门	2 天	永久	—

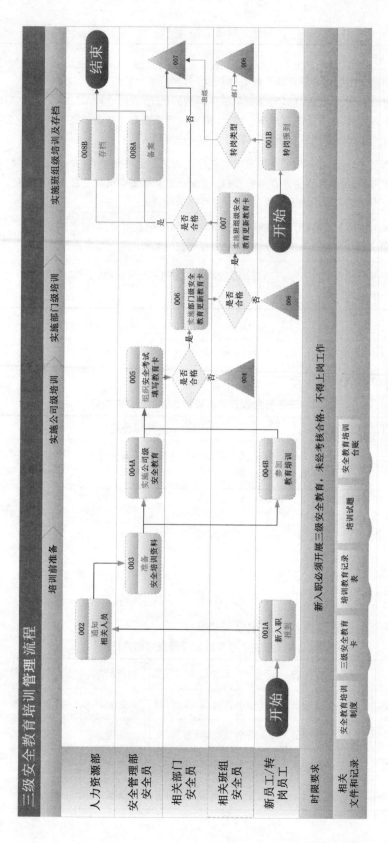

图 2-2 三级安全教育培训管理流程

2.1.8 相关法规

《安全生产培训管理办法》
《生产经营单位安全培训规定》

2.2 日常安全培训管理流程

2.2.1 日常安全培训管理流程的目的

为了建立并描述日常安全培训实施过程的工作流程,对公司级除三级安全教育外所有的安全培训活动进行规范,特制定本流程。

2.2.2 适用范围

本流程适用于公司日常安全培训活动。

2.2.3 相关定义

无。

2.2.4 日常安全培训管理流程及工作标准

日常安全培训管理流程见图 2-3,日常安全培训管理流程说明及工作标准见表 2-4。

表 2-4 日常安全培训管理流程说明及工作标准

阶段	节点	工作标准	执行工具
培训策划	001	各部门根据安全教育培训制度,结合公司实际情况,确定培训性质和培训时间,并拟订本部门年度安全培训计划	安全教育培训计划表
	002	各部门负责人对拟订的培训计划进行审核	
	003	部门分管副总对拟订的培训计划进行审核,审核公司年度安全培训计划内容,如需添加,由安全管理部安全员进行增加或减少	
	004	安全管理部安全员收集各部门的培训方案,并编制公司年度安全培训计划	
	005	安全管理部负责人对计划进行审核	
	006	分管安全副总对计划进行审批	
	007	安全管理部安全员对已批准的计划存档并挂网	
实施培训	008A	安全管理部安全员落实公司的年度计划	安全教育培训计划表
	008B	各部门负责人对本部门的培训计划进行落实	
	009	安全管理部安全员对各部门的培训情况进行审查,督促各部门有效落实培训计划	
培训总结	010	安全管理部安全员总结培训中出现的问题,作好记录,并存档	培训教育记录表

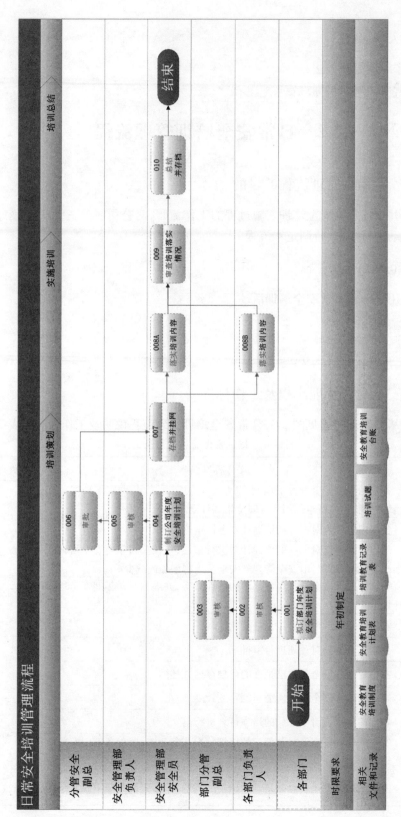

图 2-3　日常安全培训管理流程

2.2.5 流程关键绩效指标

日常安全培训管理流程关键绩效指标见表2-5。

表 2-5　日常安全培训管理流程关键绩效指标

序号	指标名称	指标公式
1	培训计划执行率	培训计划执行率＝已开展培训数/计划培训总数×100%

2.2.6 相关文件

安全教育培训制度

2.2.7 相关记录

日常安全培训管理流程相关记录见表2-6。

表 2-6　日常安全培训管理流程相关记录

记录名称	保存责任者	保存场所	归档时间	保存期限	到期处理方式
安全教育培训计划表	安全管理员	安全管理部、各部门	2天	3年	封存
培训教育记录表	安全管理员	安全管理部、各部门	2天	3年	封存
培训试题	安全管理员	安全管理部、各部门	2天	3年	封存
安全教育培训台账	安全管理员	安全管理部、各部门	2天	3年	封存

2.2.8 相关法规

《安全生产培训管理办法》
《生产经营单位安全培训规定》

2.3　安全会议管理流程

2.3.1 安全会议管理流程的目的

本流程的目的是通过定期的安全会议,对公司的安全工作进行策划、组织、监控、管理。

2.3.2 适用范围

本流程适用于安全会议的召开及产生相关会议文件的全部活动。

2.3.3 相关定义

无。

2.3.4 安全会议管理流程及工作标准

安全会议管理流程见图2-4,安全会议管理流程说明及工作标准见表2-7。

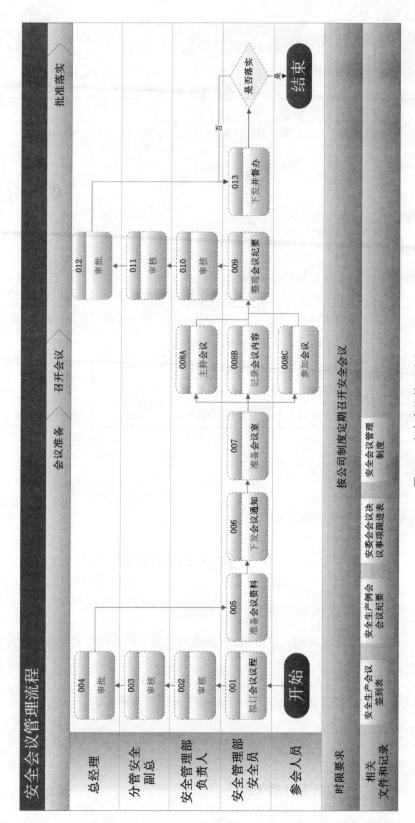

图 2-4 安全会议管理流程

表 2-7　安全会议管理流程说明及工作标准

阶段	节点	工作标准	执行工具
会议准备	001	安全管理部安全员拟订会议内容、流程,并对会议的时间和地点进行确定	—
	002	安全管理部负责人对会议内容、流程、时间、地点进行初审并上报分管安全副总	
	003	分管安全副总对会议内容、流程、时间、地点进行最终审核	
	004	公司总经理对会议内容、流程、时间、地点进行最终审批	
	005	安全管理部安全员对安全会议所需的会议资料进行采集和汇总	
	006	安全管理部安全员下发会议通知	
	007	安全管理部安全员根据会议的具体情况和时间等相关内容安排准备会场(与总经办协调会议室)	
召开会议	008A	安全管理部负责人主持会议	安全生产例会会议纪要、安全生产会议签到表
	008B	安全管理部安全员记录会议内容	
	008C	参会人员讨论安全工作	
批准落实	009	安全管理部安全员整理会议纪要上报安全管理部负责人、分管安全副总、总经理审核	安全生产例会会议纪要、安全生产会议签到表
	010	安全管理部负责人对会议纪要进行审核	
	011	分管安全副总对安全会议纪要进行审核	
	012	总经理对安全会议纪要进行审批	
	013	安全管理部安全员下发经审批后的会议纪要,同时对讨论后的安全事项进行检查督办。如未及时落实,继续督办	

2.3.5　流程关键绩效指标

安全会议管理流程关键绩效指标见表 2-3。

表 2-8　安全会议管理流程关键绩效指标

序号	指标名称	指标公式
1	会议参加率	会议参加率=参会人员/应参加会议人员×100%

2.3.6　相关文件

安全会议管理制度

2.3.7　相关记录

安全会议管理流程相关记录见表 2-9。

表 2-9　安全会议管理流程相关记录

记录名称	保存责任者	保存场所	归档时间	保存期限	到期处理方式
安全生产会议签到表	安全管理员	安全管理部、各部门	2 天	3 年	封存
安全生产例会会议纪要	安全管理员	安全管理部、各部门	2 天	3 年	封存
安委会会议决议事项跟进表	安全管理员	安全管理部、各部门	2 天	3 年	封存

2.3.8　相关法规

《中华人民共和国安全生产法》

2.4　安全检查管理流程

2.4.1　安全检查管理流程的目的

本流程的目的是检查公司各项安全制度的落实情况,及时发现各部门存在的安全隐患或问题并督促整改,以便对安全隐患加以控制,减轻或消除其影响。

2.4.2　适用范围

本流程适用于城镇燃气公司及各部门开展安全检查活动。

2.4.3　相关定义

安全隐患:是指生产经营单位违反安全生产法律法规、规章、标准、规程、安全生产管理制度的规定,或者其他因素在生产经营活动中存在的可能导致不安全事件或事故发生的物的不安全状态、人的不安全行为和管理上的缺陷。

2.4.4　安全检查管理流程及工作标准

安全检查管理流程见图 2-5,安全检查管理流程说明及工作标准见表 2-10。

表 2-10　安全检查管理流程说明及工作标准

阶段	节点	工作标准	执行工具
准备阶段	001	安全管理部根据需求制订年度安全检查计划,根据年度安全检查计划的要求,在不同时间段拟订相应的安全检查方案,布置有关检查任务、时间、人员、内容	安全检查制度、安全检查计划与方案
	002	分管安全副总审核安全检查计划及方案	
	003	安全管理部提前下发通知,通知各部门做好检查准备	
	004	各部门根据通知内容准备相关资料备查	

阶段	节点	工作标准	执行工具
检查阶段	005A	总经理根据检查方案要求,参加相应安全检查	—
	005B	分管安全副总根据检查方案要求,参加相应安全检查	
	005C	安全管理部根据检查方案,组织实施检查。检查内容主要为安全台账资料、重要危险源控制情况、个人防护用品穿戴、部门安全标识、特殊员工保护、隐患整改情况等	
	005D	各部门每月开展部门一线负责人安全检查,根据检查方案要求,参加相应安全检查	
	006	安全管理部将检查情况进行汇总并撰写安全检查报告	
改进阶段	007	各部门根据检查报告,对检查发现隐患进行整改,形成闭环	—
	008	安全管理部监督整改	
	009A	安全管理部对安全检查报告及每阶段隐患整改情况进行存档与总结	
	009B	各部门对安全检查报告及每阶段隐患整改情况进行存档与总结	

2.4.5 流程关键绩效指标

安全检查管理流程关键绩效指标见表 2-11。

表 2-11 安全检查管理流程关键绩效指标

序号	指标名称	指标公式
1	安全检查计划执行率	安全检查计划执行率=安全检查总数/计划开展检查数×100%

2.4.6 相关文件

安全检查管理制度

内部安全审核制度

2.4.7 相关记录

安全检查管理流程相关记录见表 2-12。

表 2-12 安全检查管理流程相关记录

记录名称	保存责任者	保存场所	归档时间	保存期限	到期处理方式
安全检查计划与方案	安全管理员	安全管理部	安全检查结束后	3年	封存
整改通知单	各级安全管理员	安全管理部、各部门	安全检查结束后	3年	封存
整改回执单	各级安全管理员	安全管理部、各部门	安全检查结束后	3年	封存

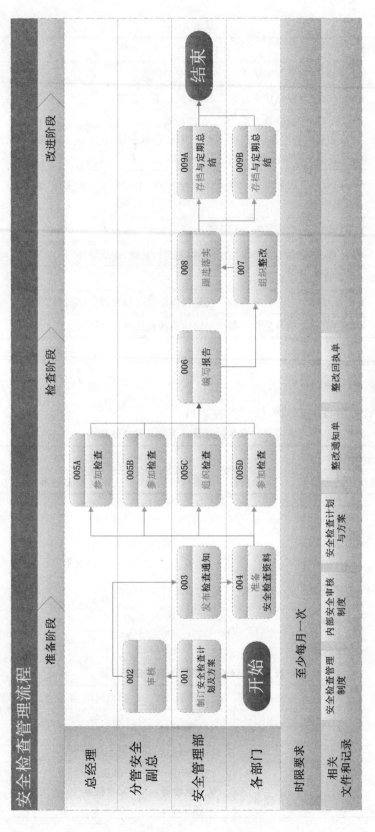

图 2-5 安全检查管理流程

2.4.8　相关法规

《中华人民共和国安全生产法》
《职业健康安全管理体系　要求及使用指南》ISO 45001
《企业安全生产标准化基本规范》GB/T 33000
《城镇燃气经营企业安全生产标准化规范》T/CGAS 002

2.5　安全隐患管理流程

2.5.1　安全隐患管理流程的目的

为了建立、健全隐患管理制度,确保隐患得到有效整改,特制定本流程。

2.5.2　安全隐患管理流程适用范围

本流程适用于城镇燃气公司安全隐患管理。

2.5.3　相关定义

安全隐患:是指生产经营单位违反安全生产法律、法规、规章、标准、规程、安全生产管理制度的规定,或者其他因素在生产经营活动中存在的可能导致不安全事件或事故发生的物的不安全状态、人的不安全行为和管理上的缺陷。

2.5.4　安全隐患管理流程及工作标准

安全隐患管理流程见图 2-6,安全隐患管理流程说明及工作标准见表 2-13。

表 2-13　安全隐患管理流程说明及工作标准

阶段	节点	工作标准	执行工具
隐患分类	001	部门安全员汇总安全隐患	安全隐患管理制度
	002	部门班组制订整改计划	
	003	部门分管负责人审核整改计划	
	004	部门负责人批准整改计划	
	005	如本部门可以整改,则由部门维修人员整改隐患	
跟踪整改	006	如本部门不能整改,由部门分管负责人制订整改方案	安全隐患整改台账
	007	部门负责人审核整改方案,审核通过后上报安全管理部负责人	
	008	安全管理部负责人审核整改方案,并确认隐患等级	
	009	分管安全副总审核整改方案	

阶段	节点	工作标准	执行工具
跟踪整改	010	总经理审批整改方案	安全隐患整改台账
	011	安全管理部负责人转发整改方案	
	012A	相关部门配合隐患整改	
	012B	部门分管负责人组织隐患整改	
隐患审核	013A	安全管理部安全员跟踪抽查,如没有整改,则跳跃至第012步骤	安全隐患整改台账
	013B	部门安全员跟踪检查,如没有整改,则跳跃至第005步骤	
	014A	安全管理部安全员如抽查已整改,则填写台账	
	014B	部门安全员如跟踪检查已整改,则填写隐患台账	

2.5.5 流程关键绩效指标

安全隐患管理流程关键绩效指标见表 2-14。

表 2-14 安全隐患管理流程关键绩效指标

序号	指标名称	指标公式
1	隐患整改率	隐患整改率=已整改隐患/检查发现的隐患总数×100%

2.5.6 相关文件

安全隐患管理制度

2.5.7 相关记录

安全隐患管理流程相关记录见表 2-15。

表 2-15 安全隐患管理流程相关记录

记录名称	保存责任者	保存场所	归档时间	保存期限	到期处理方式
安全隐患整改台账	安全员	各部门	检查完成后	3年	销毁
隐患整改计划	安全员	各部门	检查完成后	3年	销毁
隐患整改方案	安全员	各部门	检查完成后	3年	销毁
检查台账	安全员	各部门	检查完成后	3年	销毁

2.5.8 相关法规

《职业健康安全管理体系 要求及使用指南》ISO 45001

《企业安全生产标准化基本规范》GB/T 33000

《城镇燃气经营企业安全生产标准化规范》 T/CGAS 002

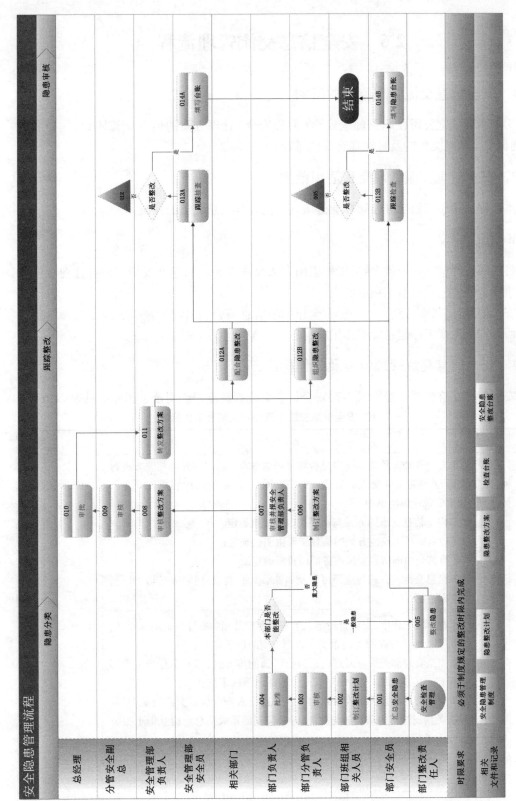

图 2-6 安全隐患管理流程

2.6　安全信息交流管理流程

2.6.1　安全信息交流管理流程的目的

为了明确规定公司在职业健康安全(简称安全)管理方面的信息交流职责、途径和要求,确保安全信息交流的及时性和有效性,特制定本流程。

2.6.2　安全信息交流管理流程适用范围

本流程适用于城镇燃气公司职业健康安全内外部信息交流的控制。

2.6.3　相关定义

员工职业健康与安全代表:员工根据国家法律法规和惯例选举或指定的在作业场所职业健康安全问题上代表员工利益的人。

安全信息:是指在劳动生产中起安全作用的信息集合,它包括警示信息、上级命令等诸多方面对安全生产工作起到影响作用的信息。

2.6.4　安全信息交流管理流程及工作标准

安全信息交流管理流程见图 2-7,安全信息交流管理流程说明及工作标准见表 2-16。

表 2-16　安全信息交流管理流程说明及工作标准

阶段	节点	工作标准	执行工具
信息收集	001	1.安全管理部负责人决定是否将公司的危险源信息与外部相关方进行交流,并确定对外交流的对象、方式和途径。所确定的内容应记录在公司重要危险源清单中。 2.内部信息交流的方式与途径按以下原则确定: (1)有关员工权益方面的信息交流由工会确定; (2)其余内部信息交流由各部门自行确定。 3.信息交流的方式与途径可以是口头、书面、会议、网络等一切可以利用的通信及宣传工具	—
	002A	1.在日常工作中,安全管理部人员应与客户及相关方进行定期沟通,收集客户及相关方在职业健康安全管理方面的信息。 2.安全管理部人员可通过电话、函件、访问等方式,与安全行政主管部门保持不定期联系,及时了解安全方面的政策法规信息。 3.安全管理部人员将收集到的安全信息记入安全信息交流记录中,并就有关情况进行内部沟通与交流,对收集到的重大信息还应立即上报公司安全委员会	
	002B	各业务部门项目人员负责收集本部门重大危险源有关的信息,并自行确定是否需要进行内部交流	

阶段	节点	工作标准	执行工具
信息交流	003A	根据001所确定的信息交流方式与途径,开展内外部信息交流: 1.安全管理部负责人就有关重大危险源信息与外部相关方进行沟通和交流。 2.安全管理部负责人负责及时将公司的安全方针、目标和指标、安全管理方案、危险源、紧急预案、事故事件的处理情况、安全管理体系运行情况等信息及时传达到公司各相关部门。 3.对于相关方提出的投诉,安全管理部应会同有关部门提出处理意见或建议,经公司安委会审核后,按相关方要求的期限给予答复,对安全投诉的处理要提交安委会会议评审	EHS 信息交流记录
	003B	安全管理部人员将公司的重大危险源信息与公司有关职能管理部门进行沟通和交流	
	003C	各业务部门项目人员对本部门的重大危险源信息进行沟通和交流	
	004A	交流内容及意见回复情况均应记入安全信息交流记录中	
	004B	交流内容及意见回复情况均应记入安全信息交流记录中,并于交流活动完成后5个工作日内将交流记录统一汇总	
	004C	交流内容及意见回复情况均应记入安全信息交流记录中,并于交流活动完成后5个工作日内将交流记录报安全管理部统一汇总	
	005	安全管理部人员负责对收集到的与安全有关的内外部信息进行汇总,并建立安全信息台账	
信息处理	006	若员工认为自己的职业健康安全权益受到侵犯,可以向安全管理部负责人反映具体情况,并由员工代表与公司安全管理部责任人进行沟通与协商,以保证员工权益不受侵犯	EHS信息台账
	007	各业务部门项目人员根据员工反映情况,与安全管理部责任人进行沟通与协商。必要时员工代表应现场跟踪了解具体情况,收集相关证据	
	008	安全管理部负责人应根据情况指定调查责任部门,对员工反映问题展开调查,提出解决方案,并在两周内将情况反馈给各业务部门项目人员	
	009	各业务部门项目人员准确记录所有的沟通信息,将处理结果反馈给当事人。当当事人对处理结果不满意,重新返回007,各业务部门项目人员继续与安全管理部责任人进行沟通,直到问题得到圆满解决	
	010	安全管理部对所有资料备案	

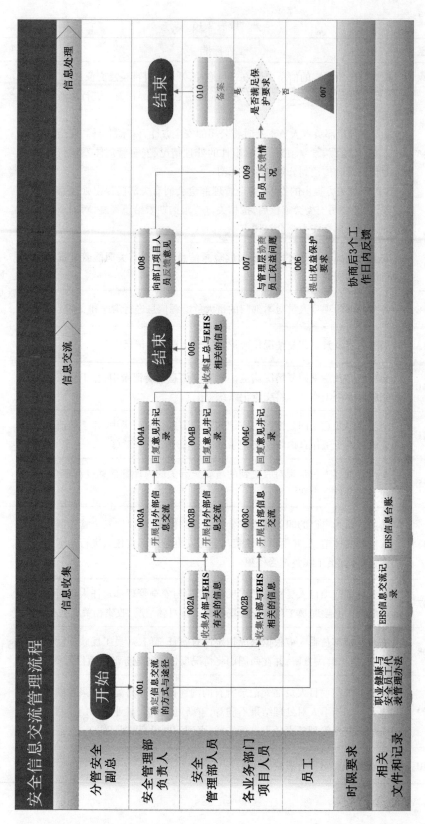

图 2-7 安全信息交流管理流程

2.6.5 流程关键绩效指标

安全信息交流管理流程关键绩效指标见表2-17。

表 2-17 安全信息交流管理流程关键绩效指标

序号	指标名称	指标公式
1	信息传达率	信息传达率=已传达人员/需传达人员总数×100%

2.6.6 相关文件

职业健康与安全员工代表管理办法

2.6.7 相关记录

安全信息交流管理流程相关记录见表2-18。

表 2-18 安全信息交流管理流程相关记录

记录名称	保存责任者	保存场所	归档时间	保存期限	到期处理方式
EHS 信息交流记录	安全管理部责任人	安全管理部	每月	3 年	销毁
EHS 信息台账	安全管理部责任人	安全管理部	每年	3 年	销毁

2.6.8 相关法规

《职业健康安全管理体系　要求及使用指南》ISO 45001
《企业安全生产标准化基本规范》GB/T 33000
《城镇燃气经营企业安全生产标准化规范》T/CGAS 002

2.7 员工权益管理流程

2.7.1 员工权益管理流程的目的

为了建立公司员工权益保护流程和制度,保证员工的合法权益,特制定本流程。

2.7.2 员工权益管理流程适用范围

本流程适用于城镇燃气公司所有员工。

2.7.3 相关定义

无。

2.7.4 员工权益管理流程及工作标准

员工权益管理流程见图2-8,员工权益管理流程说明及工作标准见表2-19。

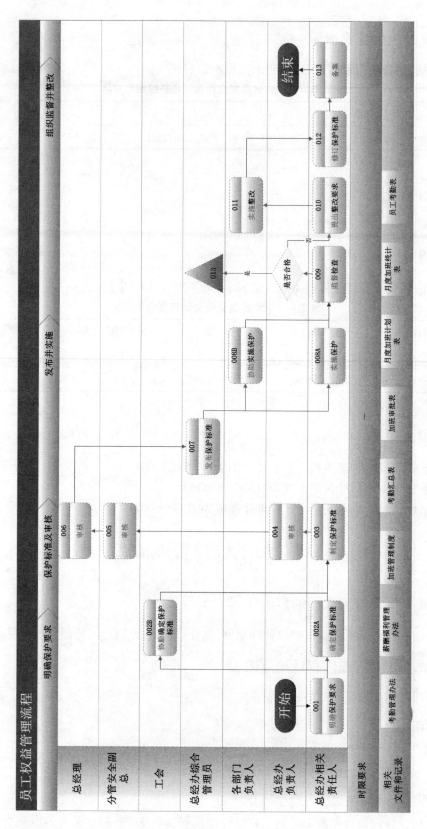

图 2-8　员工权益管理流程

表 2-19 员工权益管理流程说明及工作标准

阶段	节点	工作标准	执行工具
明确保护要求	001	总经办相关责任人熟知国家关于劳动者保护的有关法律法规,包括但不限于《中华人民共和国劳动法》《中华人民共和国妇女权益保障法》《女职工劳动保护特别规定》和《未成年工特殊保护规定》《残疾人就业条例》等相关法律规定	考勤管理办法
	002A	总经办涉及员工管理、劳动关系、考勤和薪酬相关岗位员工根据国家对劳动者各类保护规定,拟订有关员工保护要求。制度中对涉及劳动者、妇女权益、未成年工、残疾人等有关规定须符合国家法律要求,具体保护细则综合各个法律规定	
	002B	公司工会对公司劳动者有关制度、权益保护等的规定	
保护标准及审核	003	总经办相关责任人根据国家对劳动者各类保护规定,起草相关员工管理制度,制度中对涉及劳动者、妇女权益、未成年工、残疾人等有关规定须符合国家法律要求,具体保护细则综合各个法律规定。 制度包括但不限于:考勤制度、加班制度、劳动合同范本、薪酬制度	加班管理制度、薪酬福利管理办法
	004	总经办负责人负责对制定完成的涉及员工管理、考勤、工作安排、加班、假期、薪酬、劳动合同等制度进行审核,并提交副总审核	
	005	分管副总对涉及员工管理、考勤、工作安排、加班、假期、薪酬、劳动合同等制度进行审核,并提交总经理审批	
	006	总经理对涉及员工管理、考勤、工作安排、加班、假期、薪酬、劳动合同等制度进行审批	
发布并实施	007	总经办综合管理员发布经总经理审批的各类员工管理相关制度	加班管理制度、薪酬福利管理办法
	008A	总经办相关责任人根据审批的各类制度实施员工工作时间、工作范围、加班要求、特殊禁忌等对员工进行权益保护	
	008B	各部门负责人根据审批的各类制度实施员工工作时间、工作范围、加班要求、特殊禁忌等对员工进行权益保护	
	009	总经办相关责任人每月经常性地对各部门员工管理、权益相关制度执行情况进行检查	
组织监督并整改	010	总经办相关负责人对与员工权益相关制度不符的情况提出整改要求	—
	011	各部门负责人针对总经办提出的整改要求实施整改	
	012	总经办涉及员工管理、劳动关系、考勤相关岗位员工随时关注国家关于劳动政策变化的有关法律,及时修订员工权益保护相关制度	
	013	总经办相关责任人负责对制度执行情况等进行备案,并留存相关记录表格	

2.7.5 流程关键绩效指标

员工权益管理流程关键绩效指标见表2-20。

表 2-20 员工权益管理流程关键绩效指标

序号	指标名称	指标公式
1	制度审核发布率	制度审核发布率=审核发布的制度/在用制度总数×100%

2.7.6 相关文件

考勤管理办法

薪酬福利管理办法

加班管理制度

2.7.7 相关记录

员工权益管理流程相关记录见表2-21。

表 2-21 员工权益管理流程相关记录

记录名称	保存责任者	保存场所	归档时间	保存期限	到期处理方式
加班审批表	考勤管理员	总经办	审批后	3年	封存
考勤汇总表	考勤管理员	总经办	审批后	3年	封存
月度加班计划表	考勤管理员	总经办	审批后	3年	封存
月度加班统计表	考勤管理员	总经办	审批后	3年	封存
员工考勤表	考勤管理员	总经办	审批后	3年	封存

2.7.8 相关法规

《中华人民共和国劳动法》

《中华人民共和国妇女权益保障法》

《女职工劳动保护特别规定》

2.8 职业危害管理流程

2.8.1 职业危害管理流程的目的

为了预防、控制和消除员工工作行为对生产工作的危害,保护公司员工健康及其相关权益,特制定本流程。

2.8.2 职业危害管理流程适用范围

本流程适用于城镇燃气公司各部门职业危害的管理。

2.8.3 相关定义

职业性有害因素:又称职业病危害因素,是指生产工作过程及其环境中产生和(或)存在的,对职业人群的健康、安全和作业能力可能造成不良影响的一切要素或条件的总称。

2.8.4 职业危害管理流程及工作标准

职业危害管理流程见图 2-9,职业危害管理流程说明及工作标准见表 2-22。

表 2-22　职业危害管理流程说明及工作标准

阶段	节点	工作标准	执行工具
需求审批	001	人力资源部根据职业危害相关法律要求,相关部门结合公司实际情况提出检测需求申请	职业健康管理制度
	002	人力资源部负责人对提出的检测需求进行审核	
	003	安全管理部负责人对提出的检测需求进行审核	
	004	分管安全副总对提出的检测需求进行审批	
危害检测	005	安全管理部负责人联系并确定检测单位	—
	006A	检测单位实施检测	
	006B	人力资源部安排相关部门,组织人员配合第三方检测机构进行检测	
	007	由人力资源部及时与检测单位沟通,要求检测单位出具检测报告	
人员体检	008	若职业危害因素超标,由人力资源部组织相关部门人员参加体检	—
	009	人力资源部收集体检报告	
	010A	安全管理部建立职业健康监护档案,主要涉及作业场所职业病危害因素检测情况等	
	010B	人力资源部收集体检结果并建档	

2.8.5 流程关键绩效指标

职业危害管理流程关键绩效指标见表 2-23。

表 2-23　职业危害管理流程关键绩效指标

序号	指标名称	指标公式
1	职业健康体检率	职业健康体检率=已进行职业健康体检人数/职业健康相关岗位人数×100%

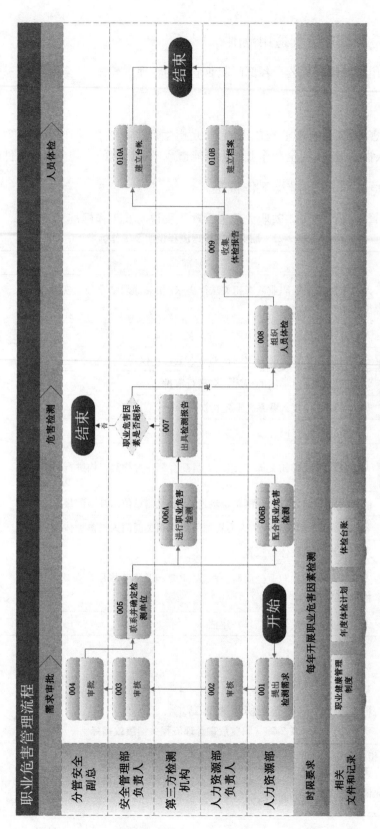

图 2-9 职业危害管理流程

2.8.6 相关文件

职业健康管理制度

2.8.7 相关记录

职业危害管理流程相关记录见表2-24。

表 2-24 职业危害管理流程相关记录

记录名称	保存责任者	保存场所	归档时间	保存期限	到期处理方式
年度体检计划	安全管理员	人力资源部、各部门	安全检查结束后	3年	销毁
体检台账	各级安全管理员	人力资源部、各部门	安全检查结束后	永久	—

2.8.8 相关法规

《中华人民共和国安全生产法》
《中华人民共和国职业病防治法》
《职业病危害因素分类目录》
《用人单位职业病危害现状评价技术导则》AQ/T 4270

2.9 劳动防护用品管理流程

2.9.1 劳动防护用品管理流程的目的

为了建立并保持劳动防护用品管理流程,对全公司各单位的劳保用品进行管理,规范劳保用品从申请到发放的整个工作流程,保障劳动者的安全与健康,特制定本流程。

2.9.2 劳动防护用品管理流程适用范围

本流程适用于城镇燃气公司所有劳动防护用品采购计划编制、购买、验收、保管、发放、使用、报废、更换等工作。

2.9.3 相关定义

劳动防护用品:指劳动者在劳动过程中为免遭或减轻事故伤害或职业危害所配备的防护装备。

2.9.4 劳动防护用品管理流程及工作标准

劳动防护用品管理流程见图2-10,劳动防护用品管理流程说明及工作标准见表2-25。

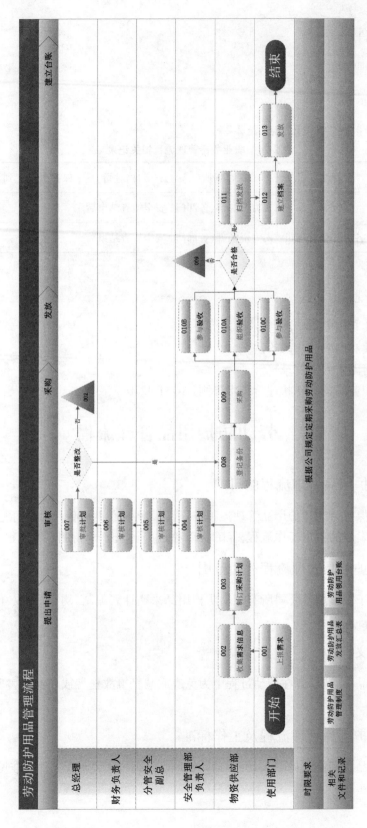

图 2-10 劳动防护用品管理流程

表 2-25　劳动防护用品管理流程说明及工作标准

阶段	节点	工作标准	执行工具
提出申请	001	各使用部门日常劳动防护用品在季度末一个月的第一周上报,特种劳动防护用品在 20 天内上报	—
	002	1.每季度末一个月根据公司劳动防护用品管理制度,通知各使用部门上报日常劳动防护用品需求计划。 2.每年 3 月份和 9 月份根据台账和集团、公司劳动防护用品配备标准,通知各使用部门上报特种劳动防护用品需求计划。 3.使用部门若有计划外改动项或临时需求经本部门负责人审核后自行上报	
	003	物资供应部根据各部门提交的需求计划,汇总后,制订半年采购计划;各部门计划外改动项或临时需求自行整理上报	
审核	004	安全管理部负责人审核采购计划	—
	005	分管安全副总审核采购计划	
	006	财务负责人审核采购计划	
	007	总经理审批采购计划	
采购	008	物资供应部登记备份	—
	009	物资供应部采购	
发放	010	物资供应部组织验收,安全管理部负责人、使用部门参与验收,验收合格继续流出,不合格转到 009 步骤	—
建立台账	011	物资供应部归档后发放给各使用部门	劳动防护用品领用台账
	012	使用部门自领取之日起 20 内建立台账	
	013	各使用部门发放给岗位员工	

2.9.5　流程关键绩效指标

劳动防护用品管理流程关键绩效指标见表 2-26。

表 2-26　劳动防护用品管理流程关键绩效指标

序号	指标名称	指标公式
1	劳动防护用品发放率	劳动防护用品发放率 = 已按要求发放劳动防护用品岗位人数/需配置劳动防护用品岗位人数×100%

2.9.6　相关文件

劳动防护用品管理制度

2.9.7 相关记录

劳动防护用品管理流程相关记录见表2-27。

表2-27 劳动防护用品管理流程相关记录

记录名称	保存责任者	保存场所	归档时间	保存期限	到期处理方式
劳动防护用品发放汇总表	各部门安全员	各部门办公室	防护用品发放一周内	3年	销毁
特种劳动防护用品领用台账	各级安全管理员	安全管理部、各部门	防护用品发放一周内	3年	封存

2.9.8 相关法规

《中华人民共和国安全生产法》
《用人单位劳动防护用品管理规范》
《个体防护装备配备基本要求》GB/T 29510
《个体防护装备选用规范》GB/T 11651
《头部防护 安全帽选用规范》GB/T 30041
《个体防护装备 足部防护鞋(靴)的选择、使用和维护指南》GB/T 28409
《坠落防护装备安全使用规范》GB/T 23468

2.10 动火作业管理流程

2.10.1 动火作业管理流程的目的

为了有效地对动火作业进行前期的审批和过程的安全监控,从而最大限度地降低动火作业事故发生的可能性,特制定本流程。

2.10.2 动火作业管理流程适用范围

本流程适用于城镇燃气公司所有部门及各分公司动火作业的审批、监督反馈等工作。

2.10.3 相关定义

动火作业:在燃气设施或其他禁火区内进行焊接、切割等产生明火的作业。动火作业应按照作业危险性划分等级。

2.10.4 动火作业管理流程及工作标准

动火作业管理流程见图2-11,动火作业管理流程说明及工作标准见表2-28。

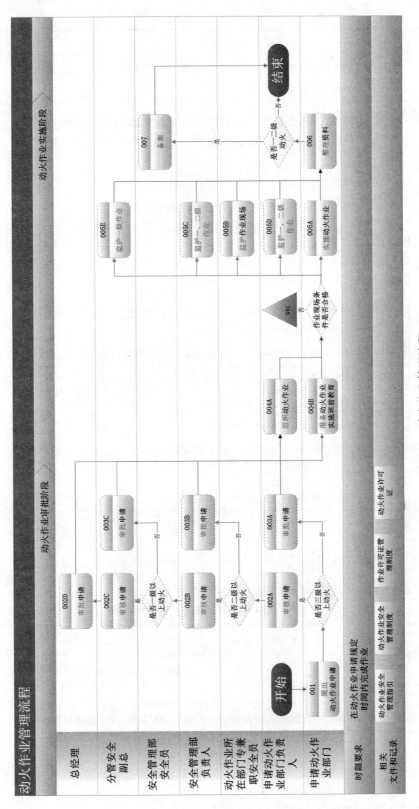

图 2-11　动火作业管理流程

表 2-28　动火作业管理流程说明及工作标准

阶段	节点	工作标准	执行工具
动火作业审批阶段	001	业务部门在接到作业内容后,现场观察,对于需要进行动火作业的,向安全员提出需要进行动火作业的申请	动火作业安全管理制度、动火作业许可证
	002A	业务部门安全员在现场观察后,进行此次作业方案的编制,方案内注明危险作业内容、等级,采取的安全防护措施,作业人员资格等各项内容	
	002B		
	002C		
	002D		
	003A	业务部门编制好方案后,按照动火作业管理的相关规定,进行动火作业的审核与审批	
	003B		
	003C		
动火作业实施阶段	004A	申请动火作业部门负责人组织动火作业	—
	004B	准备此动火作业所需工具、材料,安全防护用具等物资,负责此次作业的班组长对作业人员进行班前安全培训	
	005A	根据批准的作业方案和所提出的安全措施及技术要求,组织本部门人员进行实施,并采取相应的安全措施	
	005B	安全员对动火作业现场进行监督检查并对违章作业进行制止	
	005C	安全管理部负责人监护一、二级动火作业	
	005D	申请动火作业部门负责人监护本部门的一、二级动火作业	
	005E	分管安全副总现场监护一级动火作业	
	006	作业实施结束后,整理现场及工具,并将各种资料填写完善,并将动火作业证进行注销	
	007	安全管理部安全员对一、二级动火资料进行备案	

2.10.5　流程关键绩效指标

动火作业管理流程关键绩效指标见表 2-29。

表 2-29　动火作业管理流程关键绩效指标

序号	指标名称	指标公式
1	动火作业动火许可证办理率	动火作业动火许可证办理率=已办理动火作业许可证/动火作业总数×100%
2	监护人员到位率	监护人员到位率=安全员监护次数/动火作业总数×100%

2.10.6　相关文件

作业许可证管理制度

动火作业安全管理制度

动火作业安全管理指引

2.10.7 相关记录

动火作业管理流程相关记录见表 2-30。

表 2-30 动火作业管理流程相关记录

记录名称	保存责任者	保存场所	归档时间	保存期限	到期处理方式
动火作业许可证	各部门负责人	各部门	动火作业申请结束后	5 年	销毁

2.10.8 相关法规

《中华人民共和国安全生产法》

《城镇燃气设施运行、维护和抢修安全技术规程》CJJ 51

《个体防护装备配备基本要求》GB/T 29510

《个体防护装备选用规范》GB/T 11651

2.11 有限空间作业管理流程

2.11.1 有限空间作业管理流程的目的

为了有效地对有限空间作业进行前期的审批和过程的安全监控,从而最大限度地降低有限空间作业事故发生的可能性,特制定本流程。

2.11.2 有限空间作业管理流程适用范围

本流程适用于城镇燃气公司所有部门及各分公司有限空间作业的审批、监督、反馈等工作。

2.11.3 相关定义

有限空间:是指封闭或部分封闭,进出口较为狭窄有限,未被设计为固定工作场所,自然通风不良,易造成有毒有害、易燃易爆物质积聚或氧含量不足的空间。

有限空间作业:是指作业人员进入有限空间实施的作业活动,有限空间作业应按照作业危险性划分等级。

2.11.4 有限空间作业管理流程及工作标准

有限空间作业管理流程见图 2-12,有限空间作业管理流程说明及工作标准见表 2-31。

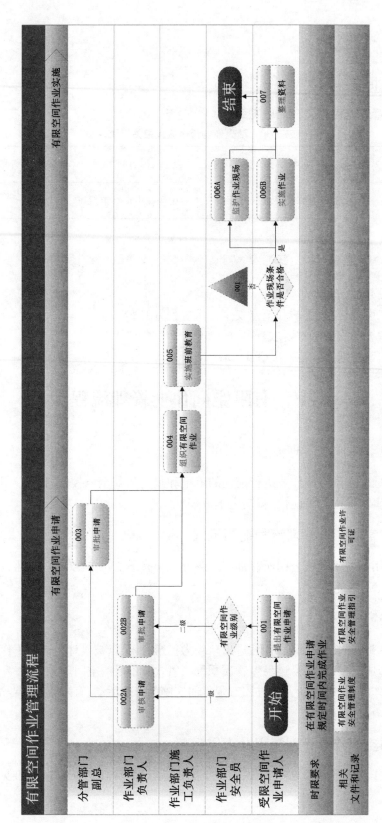

图 2-12 有限空间作业管理流程

表 2-31　有限空间作业管理流程说明及工作标准

阶段	节点	工作标准	执行工具
有限空间作业申请	001	业务部门在接到作业内容后,现场观察,对于需要进行有限空间作业的,根据有限空间作业等级编制方案然后按级别逐级上报	有限空间作业许可证
	002A	作业部门负责人审核一级有限空间作业申请	
	002B	作业部门负责人审批二级有限空间作业申请	
	003	分管部门副总审批一级有限空间作业申请	
有限空间作业实施	004	申请有限空间作业部门施工负责人组织有限空间作业	有限空间作业许可证
	005	准备此次有限空间作业所需工具、材料,安全防护用具等物资,负责此次作业的班组长对作业人员进行班前安全培训	
	006A	相关业务部门专兼职安全员对有限空间作业现场进行监督检查并对违章作业进行制止	
	006B	根据批准的作业方案和所提出的安全措施及技术要求,组织本部门人员进行实施,并采取相应的安全措施	
	007	作业实施结束后,整理现场及工具,并将各种资料填写完善,并将有限空间作业许可证进行注销	

2.11.5　流程关键绩效指标

有限空间作业管理流程关键绩效指标见表 2-32。

表 2-32　有限空间作业管理流程关键绩效指标

序号	指标名称	指标公式
1	有限空间作业许可证办理率	有限空间作业许可证办理率=有限空间作业许可证总数/作业总数×100%
2	监护人员到位率	监护人员到位率=安全员监护次数/作业总数×100%

2.11.6　相关文件

有限空间作业安全管理制度
有限空间作业安全管理指引

2.11.7　相关记录

有限空间作业管理流程相关记录见表 2-33。

表 2-33　有限空间作业管理流程相关记录

记录名称	保存责任者	保存场所	归档时间	保存期限	到期处理方式
有限空间作业许可证	各部门负责人	各部门	有限空间作业申请结束后	5 年	销毁

2.11.8　相关法规

《中华人民共和国安全生产法》
《城镇燃气设施运行、维护和抢修安全技术规程》CJJ 51
《个体防护装备配备基本要求》GB/T 29510
《个体防护装备选用规范》GB/T 11651

2.12　高处作业管理流程

2.12.1　高处作业管理流程的目的

为了有效地对高处作业进行前期的审批和过程的安全监控,从而最大限度地降低高危作业事故发生的可能性,特制定本流程。

2.12.2　高处作业管理流程适用范围

本流程适用于城镇燃气公司所有部门及各分公司高处作业的审批、监督反馈等工作。

2.12.3　相关定义

高处作业:是指凡在坠落高度基准面2 m以上(含2 m)有可能坠落的高处进行的作业。
一级高处作业:在距坠落基准面大于等于2 m且小于等于5 m的高处进行的作业。
二级高处作业:在距坠落基准面大于5 m且小于等于15 m的高处进行的作业。
三级高处作业:在距坠落基准面大于15 m且小于等于30 m的高处进行的作业。
特级高处作业:在距坠落基准面大于30 m的高处进行的作业。

2.12.4　高处作业管理流程及工作标准

高处作业管理流程见图2-13,高处作业管理流程说明及工作标准见表2-34。

表2-34　高处作业管理流程说明及工作标准

阶段	节点	工作标准	执行工具
高处作业申请	001	对需要进行高处作业的,向作业人员提出高处作业的申请	高处作业许可证
	002	作业部门作业负责人编制高处作业方案,方案内注明危险作业内容、等级,采取的安全防护措施,作业人员资格等各项内容。判断属于一般类或特殊类高处作业	
	003	作业部门安全员负责审批一般类一、二级,审核三级;并负责审核特殊类一、二、三级	
	004	作业部门负责人负责审批一般类三级,审核特级;并负责审批特殊类一、二、三级	
	005	分管副总负责审批特级高处作业方案	
	006	准备本次高处作业所需工具、材料,安全防护用具等物资,负责组织人员开展对作业前安全培训。对作业现场条件进行检查	

阶段	节点	工作标准	执行工具
高处作业实施	007A	根据批准的作业方案和所提出的安全措施及技术要求,实施高处作业,采取相应的安全措施	高处作业许可证
	007B	作业部门现场监护人员对高处作业现场进行监督检查并对违章作业进行制止	
	008	作业实施结束后,组织人员整理现场及工具,恢复现场。高处作业资料填写完善,并将高处作业许可证进行注销	
	009	安全管理部对特级高处作业资料进行备案	

2.12.5 流程关键绩效指标

高处作业管理流程关键绩效指标见表2-35。

表 2-35 高处作业管理流程关键绩效指标

序号	指标名称	指标公式
1	高处作业许可证办理率	高处作业许可证办理率=高处作业许可证总数/作业总数×100%
2	监护人员到位率	监护人员到位率=安全员监护次数/作业总数×100%

2.12.6 相关文件

作业许可证制度

高处作业安全管理办法

2.12.7 相关记录

高处作业管理流程相关记录见表2-36。

表 2-36 高处作业管理流程相关记录

记录名称	保存责任者	保存场所	归档时间	保存期限	到期处理方式
高处作业许可证	各部门负责人	各部门	高处作业申请结束后	5 年	销毁

2.12.8 相关法规

《中华人民共和国安全生产法》

《城镇燃气设施运行、维护和抢修安全技术规程》CJJ 51

《个体防护装备配备基本要求》GB/T 29510

《个体防护装备选用规范》GB/T 11651

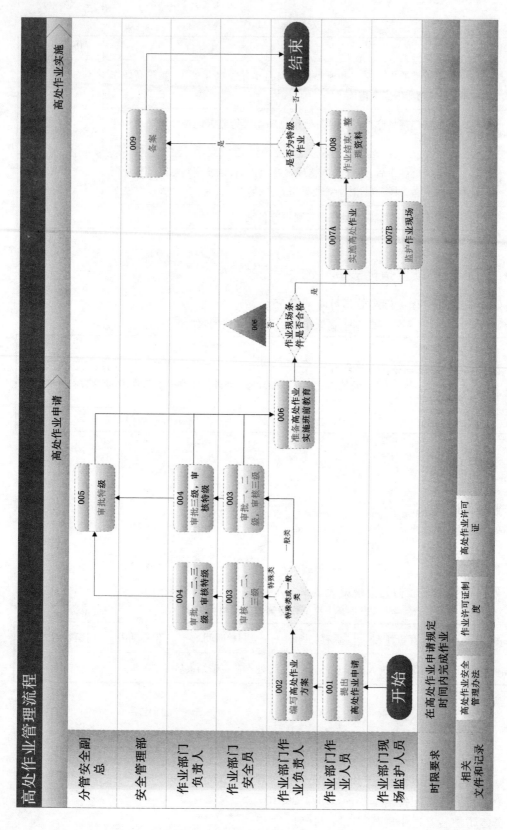

图 2-13 高处作业管理流程

2.13 临时用电管理流程

2.13.1 临时用电管理流程的目的

为了有效地对临时用电作业进行前期的审批和过程的安全监控,从而最大限度地降低临时用电作业事故发生的可能性,特制定本流程。

2.13.2 临时用电管理流程适用范围

本流程适用于城镇燃气公司所有部门及各分公司临时用电作业的审批、监督反馈等工作。

2.13.3 相关定义

临时用电:正式运行的电源上所接的非永久性用电。

2.13.4 临时用电管理流程及工作标准

临时用电管理流程见图 2-14,临时用电管理流程说明及工作标准见表 2-37。

表 2-37 临时用电管理流程说明及工作标准

阶段	节点	工作标准	执行工具
临时用电作业申请	001	相关部门在接到作业内容后,现场观察,对需要进行临时用电的向安全员提出需要进行作业的申请	临时用电作业许可证
	002	方案内注明临时用电作业内容、等级、采取的安全防护措施、作业人员资格等各项内容	
	003A	对于临时用电作业,申请作业部门负责人进行审批,审查内容包括采取的安全防护措施是否妥当,并作出是否同意作业的意见	
	003B	对于临时用电作业进行审核,审核内容包括作业的技术方案是否合格,并做出是否同意作业的意见	
	004A	申请作业部门负责人组织现场作业	
	004B	准备此次临时用电作业所需工具、材料、安全防护用具等物资,实施班前教育	
临时用电作业实施	005A	根据批准的作业方案和所提出的安全措施及技术要求,组织本部门人员进行实施,并采取相应的安全措施	临时用电作业许可证
	005B	相关部门对临时用电作业现场进行监督检查并对是否违章做出判定,做好记录	
	005C	对临时用电作业现场进行监督,抽查临时用电作业所需工具、材料,安全防护用具等,并对是否违章做出判定,做好记录	
	006	作业实施结束后,整理现场及工具,并将各种资料填写完善	
	007	安全管理部安全员对作业资料进行备案	

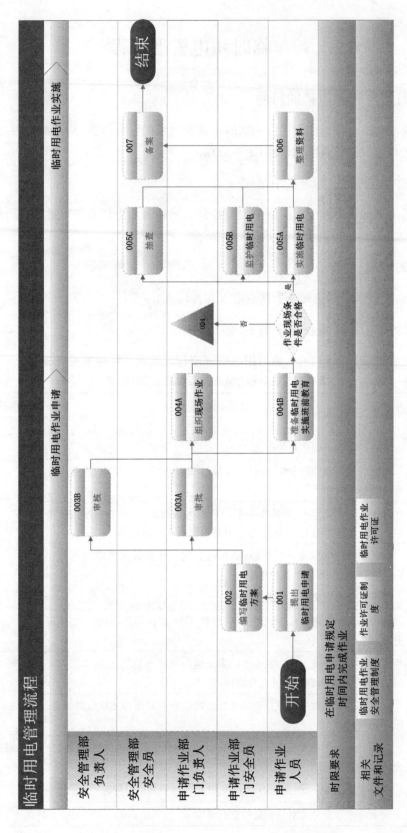

图 2-14 临时用电管理流程

2.13.5　流程关键绩效指标

临时用电管理流程关键绩效指标见表2-38。

表2-38　临时用电管理流程关键绩效指标

序号	指标名称	指标公式
1	临时用电许可证办理率	临时用电许可证办理率=临时用电许可证总数/作业总数×100%
2	监护人员到位率	监护人员到位率=安全员监护次数/作业总数×100%

2.13.6　相关文件

作业许可证制度
临时用电安全管理制度

2.13.7　相关记录

临时用电管理流程相关记录见表2-39。

表2-39　临时用电管理流程相关记录

记录名称	保存责任者	保存场所	归档时间	保存期限	到期处理方式
临时用电作业许可证	各部门负责人	各部门	临时用电作业申请结束后	5年	销毁

2.13.8　相关法规

《中华人民共和国安全生产法》
《城镇燃气设施运行、维护和抢修安全技术规程》CJJ 51
《个体防护装备配备基本要求》GB/T 29510
《个体防护装备选用规范》GB/T 11651

2.14　变更管理流程

2.14.1　变更管理流程的目的

为了确保职业健康与安全管理作业状态发生变更时,公司能够对变动、更改的管理行为、作业状态进行有效预见、应对、管理,使整个变更过程处于受控状态,以保障公司生产经营活动正常有序开展,避免发生安全事故,特制定本流程。

2.14.2　变更管理流程适用范围

本流程适用于城镇燃气公司职业健康和安全管理过程中管理行为、作业状态等关键控制环节发生变更时,公司所采取的管理活动。

2.14.3 相关定义

变更管理:指对人员、工作过程、工作程序、技术、设施、管理等永久性或暂时性的变化进行有计划的控制。

2.14.4 变更管理流程及工作标准

变更管理流程见图 2-15,变更管理流程说明及工作标准见表 2-40。

表 2-40 变更管理流程说明及工作标准

阶段	节点	工作标准	执行工具
申请变更	001	在正式变更前的规定时间内,填写作业状态变更申请单,提出变更申请,说明变更的原因、内容和相关资料	作业状态变更申请单
	002	提出变更申请单位负责人对作业状态变更申请单,内容予以确认	
	003	安全管理部负责人对变更申请单位提出的作业状态变更申请单,予以审核	
	004	公司分管安全副总对变更申请单位提出的作业状态变更申请单,予以审核	
	005	公司总经理对作业状态变更申请进行最终的审批,批准后,由变更申请单位编制变更方案	
实施变更	006	变更管理实施单位安全员根据管理、作业状态的变更情况,制订变更管理方案,并充分考虑需采取的安全技术措施	—
	007	变更管理实施单位负责人对本单位编制的变更管理方案的实施内容、进度及安全技术措施等进行确认	
	008	1.安全管理部安全员进行变更管理方案评审,对变更实施单位提交的方案进行全面的审核评价。 2.参加评审的人员应包括:分管变更实施单位的副总、与变更管理有关的业务部门负责人、变更实施单位主要负责、方案编制人、业务科室负责人等,必要时,分管安全副总报公司总经理批准后,可外聘咨询机构或专家学者参与方案的评审。 3.评审结束后应将评估结论及相应安全要求记录在作业状态变更申请单上。如需编制安全技术措施,应指定人员在限期内完成,并对其进行评审。 4.不论变更申请是否批准,都应将结果反馈至变更实施单位	
	009	公司总经理或分管副总对经过评审的变更方案进行最终的审批,批准后,变更方案方可正式实施	
	010A	公司安全管理部安全员参与变更实施工作,对变更过程进行安全监管	

阶段	节点	工作标准	执行工具
实施变更	010B	变更管理单位负责人按照变更管理方案的内容、进度等要求组织实施	一
	010C	变更管理单位安全员在实施负责人的领导下,按照变更管理方案的内容、进度等要求实施变更管理	
	011	变更实施结束后,公司分管安全副总组织业务关联部门和安全管理部安全员对变更的实施情况进行验收,填写验收报告并及时将变更结果通知相关部门和有关人员。需要时,分管副总可委托分管安全副总组织进行变更验收	
	012	1.变更实施完毕后,由变更实施单位对所有变更的资料进行存档。 2.对变更前的资料一律加盖"作废"章,由变更实施单位保留一份,其余的一律作废并进行处理,新资料按有关程序及时送达到有关部门和人员手中。 3.有关部门接到变更新资料后,及时进行资料的更替,并及时处理好旧资料,以保证所变更资料的统一性和有效性 变更中若文件及危险源同时变更的: (1)如有新的危险源产生,则进入危险源辨识评价流程; (2)如有文件修订,则进入文件修订流程	

2.14.5 流程关键绩效指标

变更管理流程关键绩效指标见表 2-41。

表 2-41 变更管理流程关键绩效指标

序号	指标名称	指标公式
1	变更管理方案实施率	变更管理方案实施率＝已制订方案并实施的变更管理/变更管理方案总数×100%

2.14.6 相关文件

变更管理制度

2.14.7 相关记录

变更管理流程相关记录见表 2-42。

表 2-42 变更管理流程相关记录

记录名称	保存责任者	保存场所	归档时间	保存期限	到期处理方式
系统更换品种适用性评估表	安全员	各部门	检查完成后	3 年	销毁
作业状态变更申请单	安全员	各部门	检查完成后	3 年	销毁

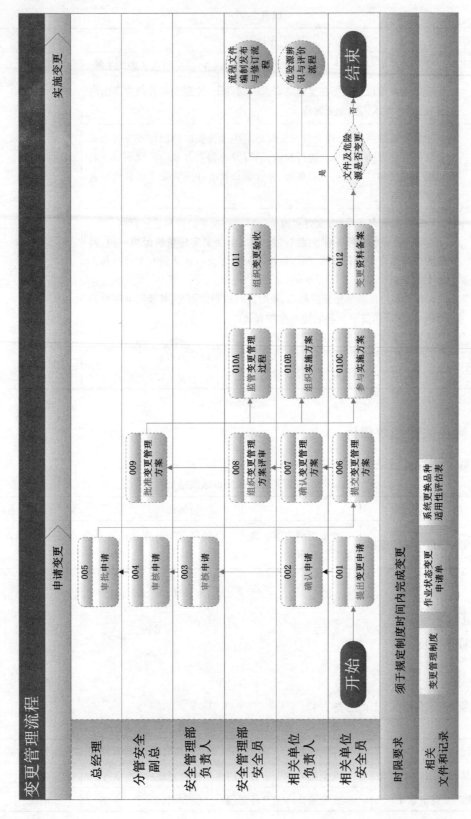

图 2-15 变更管理流程

2.14.8 相关法规

《职业健康安全管理体系 要求及使用指南》ISO 45001

《企业安全生产标准化基本规范》GB/T 33000

《城镇燃气经营企业安全生产标准化规范》 T/CGAS 002

2.15 事故管理流程

2.15.1 事故管理流程的目的

本流程的目的是对安全事故及事件的救援、调查、上报、整改等进行管理,保障安全生产。

2.15.2 事故管理流程适用范围

本流程适用于城镇燃气公司安全事故发生后的救援、调查、上报、整改等活动。

2.15.3 相关定义

安全事故:是指生产经营单位在生产经营活动(包括与生产经营有关的活动)中突然发生的,伤害人身安全和健康,或者损坏设备设施,或者造成经济损失的,导致原生产经营活动(包括与生产经营活动有关的活动)暂时中止或永远终止的意外事件。

2.15.4 事故管理流程及工作标准

事故管理流程见图 2-16,事故管理流程说明及工作标准见表 2-43。

表 2-43 事故管理流程说明及工作标准

阶段	节点	工作标准	执行工具
事故上报	001	相关部门发生事故后,现场人员或者接线员及时向部门负责人报告,并保护好事故现场	事故上报表
	002	接到事故报告后立即赶赴现场组织人员撤离,并根据现场情况进行判断事故级别及确定上报范围	
	003A	若为 C 级以上事故,安全管理部接到事故报告后,进行逐级上报,并赶赴现场进行人员疏散和应急救援	
	004A	若为 C 级以上事故,发生事故部门分管副总接到事故报告后,进行逐级上报,并赶赴现场进行人员疏散和应急救援	
	005A	若为 B 级以上事故,分管安全副总接到事故报告后,进行逐级上报,并赶赴现场进行人员疏散和应急救援	
	006A	若为 B 级以上事故,总经理接到事故报告后,立即赶赴现场进行人员疏散和应急救援,并组织安委会成员现场开会	

阶段	节点	工作标准	执行工具
事故上报	007	若为 B 级以上事故,向集团安全管理部报告,组织人员赶赴现场进行应急救援,实时监控事故发展情况	事故上报表
	008	若为 B 级以上事故,向市安全监督局和负有安全生产监督管理职责的有关部门报告,组织人员赶赴现场进行应急救援,实时监控事故发展情况	
	003B	若为 C 级以下事故,安全管理部接到事故报告后,实时监控事故发展情况	
	004B	若为 C 级以下事故,发生事故部门分管副总接到事故报告后,实时监控事故发展情况	
	005B	若为 C 级以下事故,分管安全副总接到事故报告后,实时监控事故发展情况	
	006B	若为 C 级事故,接到事故报告后,实时监控事故发展情况	
应急处置与事故调查	009A	若为 B 级以上事故,由外部机构组织到现场开展事故调查工作,包括勘察取证等	事故调查报告
	009B	若为 C 级事故,由安全管理部组织到现场开展事故调查工作,包括勘察取证等	
	009C	若为 D 级以下事故,由事故相关部门到现场开展事故调查工作,包括勘察取证等	
	010A	若为 B 级以上事故,外部机构根据事故调查结果出具事故结案报告,内容包括事故发生的时间、地点、现场情况及简要经过、伤亡人数、经济损失、采取措施等	
	010B	若为 C 级事故,安全管理部根据事故调查结果出具事故结案报告,内容包括事故发生的时间、地点、现场情况及简要经过、伤亡人数、经济损失、采取措施等	
	010C	若为 D 级以下事故,事故相关部门根据事故调查结果出具事故结案报告,内容包括事故发生的时间、地点、现场情况及简要经过、伤亡人数、经济损失、采取措施等	
事故处理	011A	属于我方责任事故时,若为 D 级以上事故,由安全管理部对相关事务及人员提出处理意见	生产安全事故管理制度
	012	若为 D 级以上事故,提出处理意见	
	013	若为 D 级以上事故,审查处理意见	
	014	若为 C 级以上事故,审批处理意见	
	015A	若为 C 级以上事故,由总经理牵头执行处理相关事务及人员	
	015B	若为 D 级事故,由安全管理部牵头执行处理相关事务及人员	
	011B	属于我方责任事故时,若为 E 级事故,由相关部门对相关事务及人员提出处理意见	
	015C	若为 E 级事故,由相关部门负责人牵头执行处理相关事务及人员	
	016	对事故初报、调查、结案报告等所有资料进行妥善存档	

注:表中"以上"均含本事故等级。

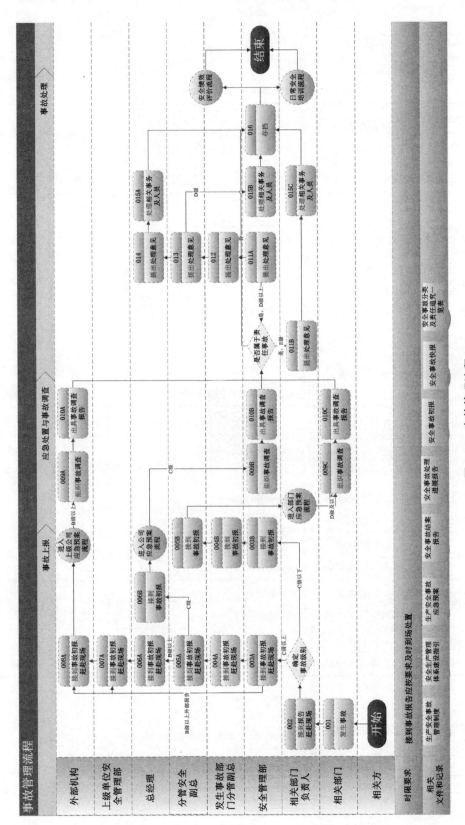

图 2-16　事故管理流程

2.15.5 流程关键绩效指标

事故管理流程关键绩效指标见表2-44。

表 2-44 事故管理流程关键绩效指标

序号	指标名称	指标公式
1	事故上报及时率	事故上报及时率=及时上报事故数/事故总数×100%
2	事故责任追究率	事故责任追究率=进行事故责任追究事故数/事故总数×100%

2.15.6 相关文件

生产安全事故管理制度
生产安全事故应急预案
安全生产管理体系建设指引

2.15.7 相关记录

事故管理流程相关记录见表2-45。

表 2-45 事故管理流程相关记录

记录名称	保存责任者	保存场所	归档时间	保存期限	到期处理方式
安全事故结案报告	安全管理部、相关部门安全员	安全管理部、相关部门	完成后	3年	封存
安全事故处理进展报告	安全管理部、相关部门安全员	安全管理部、相关部门	完成后	3年	封存
安全事故初报	安全管理部、相关部门安全员	安全管理部、相关部门	完成后	3年	封存
安全事故快报	安全管理部、相关部门安全员	安全管理部、相关部门	完成后	3年	封存
安全事故分类及责任追究一览表	安全管理部、相关部门安全员	安全管理部、相关部门	完成后	3年	封存

2.15.8 相关法规

《中华人民共和国安全生产法》
《生产安全事故报告和调查处理条例》

第3章 燃气输配系统规划设计管理

燃气输配系统规划设计管理主要包括三个方面:一是常规工程(民用、工商业、市政及其拆改迁项目工程)设计管理,二是大型工程(场站、长输管线项目工程)设计管理,三是设计变更管理,如图3-1所示。燃气输配系统规划设计流程管理的职责主要是使用流程管理工具,将工作流程标准化,明确各岗位人员的职责,确保设计工作的有序进行。

图3-1　燃气输配系统规划设计管理

各个流程的管控风险点如下所述。

(1)常规工程设计管理:设计所需资料确认、图纸评审。

(2)大型工程设计管理:初步方案的确认、图纸的确认。

(3)设计变更管理:变更需求的确认、变更后图纸的确认。

3.1　常规工程设计管理流程

3.1.1　常规工程设计管理流程的目的

为了保障燃气输配系统工程设计符合相关法律法规及规范标准的要求,保证整个设计过程准确、高效,确保工程质量,满足用户需要,特制定本流程。

3.1.2　常规工程设计管理流程适用范围

本流程适用于城镇燃气公司输配系统范围内的常规工程设计管理工作。

3.1.3　相关定义

常规工程:指民用、工商业、市政及其拆改迁项目工程。

3.1.4　常规工程设计管理流程及工作标准

常规工程设计管理流程见图3-2,常规工程设计管理流程说明及工作标准见表3-1。

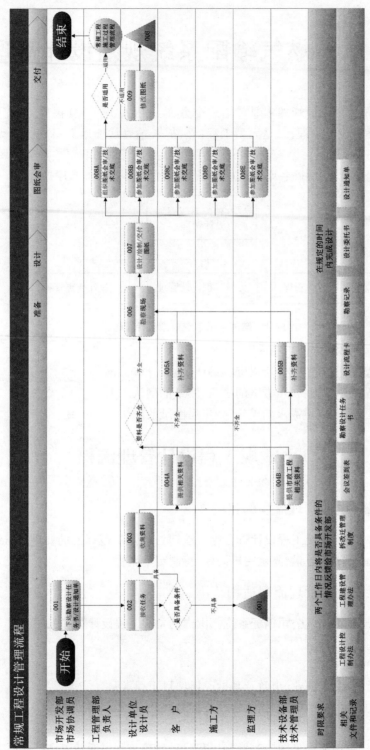

图 3-2 常规工程设计管理流程

表 3-1　常规工程设计管理流程说明及工作标准

阶段	节点	工作执行标准	执行工具
准备	001	用户向市场开发部提出申请后,由市场开发部市场协调员向设计单位下达勘察设计任务书/设计通知单,委托设计单位对该项工程进行施工图纸设计或进行拆改迁方案的编制	勘察记录、设计委托书
	002	设计单位接到设计委托或任务书后予以确认并做好设计准备工作。在两个工作日内设计单位将是否具备条件的情况反馈给市场开发部	
	003	市场开发部在用户申请时,要求用户提供工程设计所需资料,并在下达任务时将资料转交给设计单位,设计单位对市场开发部所转交资料进行收集整理	
	004A	客户为设计单位提供民用建筑平面图,户数,需市政接口红线和综合管网图的,提供此资料;工商业各种燃具的参数和数量等相关资料,并保证持续提供相关设计所需资料,需客户在设计委托书中签字确认	
	004B	技术设备部管理员负责到政府规划部门办理规划红线图等相关手续和资料,并负责为设计单位提供批复的天然气管道规划图	
	005A	设计所需资料不齐全,可要求客户补齐所缺资料。资料不齐全的不予设计	
	005B	设计所需资料不齐全,可要求技术设备部技术管理员补齐所缺资料。资料不齐全的不予设计	
	006	设计所需资料齐全后由设计单位设计人员依据勘察设计任务书到现场进行实地勘察,并记录在勘察记录里,需客户在勘察记录中签字确认	
设计	007	设计单位根据客户提供的资料和现场实地勘察的情况进行施工图的设计和施工方案的编制。设计单位的设计人员按设计方案绘制并出具施工图和方案。在图纸设计和方案编制过程中设计人员及相关校审人员需在设计流程卡中签字,并填写校审记录。设计单位必须在规定的时间内完成设计	设计流程卡
图纸会审	008A	图纸设计完成后,由工程管理部组织设计单位设计员、客户、施工方和监理方对图纸进行会审及技术交底,并对会审、技术交底意见进行整理。设计单位需认真记录评审意见,工程部应做好会议纪要和签到表。技术交底范围: 1.燃气市政工程必须做现场技术交底; 2.民用户工程规模在300户以上及高层的建筑必须做现场技术交底; 3.客户或相关单位认为需进行交底的工程。 设计员负责将工程的设计理念、重点、难点做详细介绍,做到可操作性强,详细明了,同时对相关单位的问题提出解决措施	工程建设管理办法
	008B		
	008C		
	008D		
	008E		
交付	009	如施工图纸或方案不适用,按会审意见对图纸进行修改,修改完成后,再次组织图纸会审	—

3.1.5 流程关键绩效指标

常规工程设计管理流程关键绩效指标见表 3-2。

表 3-2　常规工程设计管理流程关键绩效指标

序号	指标名称	指标公式
1	设计图交付超期天数	设计图交付超期天数 = 设计图实际交付天数 − 原计划设计图交付天数(未超期则记为 0)

3.1.6 相关文件

工程设计控制办法
工程建设管理办法
拆改迁管理制度

3.1.7 相关记录

常规工程设计管理流程相关记录见表 3-3。

表 3-3　常规工程设计管理流程相关记录

记录名称	保存责任者	保存场所	归档时间	保存期限	到期处理方式
勘察设计任务书	市场开发部	市场开发部	工程验收后一个月内	永久	—
设计流程卡	市场开发部	市场开发部	工程验收后一个月内	永久	—
勘察记录	工程管理部资料员	工程管理部	工程验收后一个月内	永久	—
设计委托书	工程管理部资料员	工程管理部	工程验收后一个月内	永久	—
设计通知单	工程管理部资料员	工程管理部	工程验收后一个月内	永久	—
会议签到表	工程管理部资料员	工程管理部	工程验收后一个月内	永久	—

3.1.8 相关法规

《城镇燃气设计规范》GB 50028
《城镇燃气技术规范》GB 50494
《城镇燃气输配工程施工及验收规范》CJJ 33
《城镇燃气室内工程施工与质量验收规范》CJJ 94

3.2 大型工程设计管理流程

3.2.1 大型工程设计管理流程的目的

为了保障燃气输配系统大型工程设计符合相关法律法规、标准规范的要求,确保工程质量满足公司发展需要,特制定本流程。

3.2.2 大型工程设计管理流程适用范围

本流程适用于城镇燃气公司输配系统范围内的大型工程设计管理工作。

3.2.3 相关定义

大型工程:是指场站、长输管线项目工程。

3.2.4 大型工程设计管理流程工作标准

大型工程设计管理流程见图3-3,大型工程设计管理流程说明及工作标准见表3-4。

表3-4 大型工程设计管理流程说明及工作标准

阶段	节点	工作执行标准	执行工具
初步方案制订及评审	001	政府部门对大型工程的建设批复后,由工程管理部组织对设计单位进行招标,招标过程按照招标投标流程进行	工程设计控制办法、工程建设管理办法、设计委托书
	002	招标投标结束后,由工程管理部负责人组织中标设计单位(设计单位应负责勘测项目)签订设计合同	
	003	工程管理部向设计单位提供设计所需的工艺指标参数、设计委托书等设计所需资料	
	004	设计单位会同工程管理部、政府相关部门、勘测单位、公司技术设备部到现场进行踏线、勘察,对场站建设地址、工艺管线布置、长输管线建设位置等要素制订工程建设的初步方案。方案的制订必须在合同规定期限内完成	
	005A	初步方案完成后,由工程管理部组织设计单位、公司相关部门负责人、政府相关部门对初步方案进行评审,并对评审意见进行整理。	
	005B		
	005C	设计单位需认真记录评审意见,工程管理部应做好会议纪要和签到表(公司相关部门主要为安全管理部、技术设备部、管网运行部等其他相关职能部门)	
	005D		

阶段	节点	工作执行标准	执行工具
现场勘测及图纸设计	006	如方案不符合要求,设计单位按评审意见对方案进行修改,修改完成后,再次组织方案评审	勘察设计任务书、勘察记录
	007	初步方案通过后,工程管理部请勘测单位对选定的地址和路线进行勘测,并出具勘测报告	
	008	设计单位根据工程部提供的资料(包括勘测资料)绘制初步设计,完成后交建设单位进行审查。 初步设计必须在合同规定期限内完成	
图纸评审	009A	工程管理部接到设计单位绘制的初步设计后,由工程管理部负责人组织工程管理部、设计单位、政府相关部门和公司相关部门负责人对设计方案进行评审。 设计单位需认真记录评审意见,工程管理部应做好会议纪要和签到表。 设计单位、政府相关部门接到工程管理部的邀请后,准时参加初步设计方案的评审,并提出评审意见	会议签到表
	009B		
	009C		
	009D		
图纸交付	010	如未通过评审,则设计单位依据初步设计评审意见对初步设计方案进行修改,并在规定期限内完成	会议签到表
	011	初步设计方案评审工作完成后,由政府相关部门参加评审人员出具评审意见,并交工程建设单位	
	012	初步设计评审通过后,设计单位依据政府部门出具的评审意见进行施工图纸的绘制,并在规定期限内交付	

3.2.5 流程关键绩效指标

大型工程设计管理流程关键绩效指标见表 3-5。

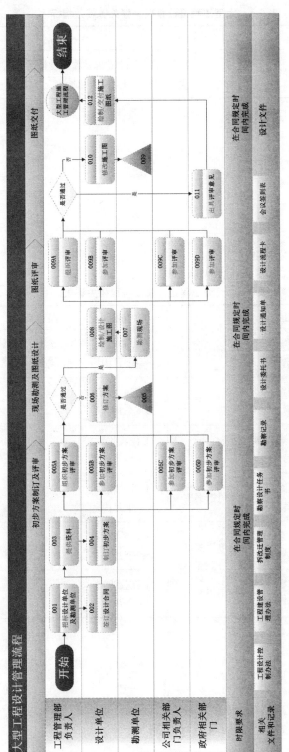

图 3-3 大型工程设计管理流程

表 3-5　大型工程设计管理流程关键绩效指标

序号	指标名称	指标公式
01	设计图交付超期天数	设计图交付超期天数 = 设计图交付实际天数 – 原计划设计图交付天数(未超期则记为 0)

3.2.6　相关文件

工程设计控制办法
工程建设管理办法
拆改迁管理制度

3.2.7　相关记录

大型工程设计管理流程相关记录见表 3-6。

表 3-6　大型工程设计管理流程相关记录

记录名称	保存责任者	保存场所	归档时间	保存期限	到期处理方式
勘察设计任务书	公司档案管理员	公司档案室	工程验收后一个月内	永久	封存
勘察记录	公司档案管理员	公司档案室	工程验收后一个月内	永久	封存
设计委托书	公司档案管理员	公司档案室	工程验收后一个月内	永久	封存
会议签到表	公司档案管理员	公司档案室	工程验收后一个月内	永久	封存
设计通知单	公司档案管理员	公司档案室	工程验收后一个月内	永久	封存
设计流程卡	公司档案管理员	公司档案室	工程验收后一个月内	永久	封存

3.2.8　相关法规

《城镇燃气设计规范》GB 50028
《城镇燃气技术规范》GB 50494
《城镇燃气输配工程施工及验收规范》CJJ 33

3.3　设计变更管理流程

3.3.1　设计变更管理流程的目的

为了加强燃气输配系统工程设计变更管理,规范工程设计变更行为,满足客户合理需求,确保工程施工进度、施工质量及后期运行安全,保护人民生命及财产安全,特制定本流程。

3.3.2　设计变更管理流程适用范围

本流程适用于城镇燃气公司输配系统范围内的燃气工程施工过程中设计变更管理工作。

3.3.3　相关定义

设计变更:指项目自初步设计批准之日起至通过竣工验收正式交付使用之日止,对已批准的初步设计文件、技术设计文件或施工图设计文件所进行的修改、完善、优化等活动。

3.3.4　设计变更管理流程及工作标准

设计变更管理流程见图3-4,设计变更管理流程说明及工作标准见表3-7。

表 3-7　设计变更管理流程说明及工作标准

阶段	节点	工作执行标准	执行工具
提出请求	001A	在施工前或施工过程中需要对工程图纸、技术及工艺修改的由施工单位项目经理、监理工程师或客户提出设计变更请求。请求可以由一方提出或由多方共同提出	—
	001B		
	001C		
	002A	工程管理部工程管理员、监理工程师对变更的请求进行现场勘察,并将变更申请提交至工程管理部	
	002B		
设计变更	003	监理工程师将变更申请提交到工程管理部后,由工程管理员联系设计单位判断是否需要变更	工程变更通知单、工程设计变更管理办法
	004	设计单位设计员依据工程设计变更管理办法判断是否确实需要变更	
	005	变更经设计单位确认后,由市场开发部市场协调员给设计单位下达变更勘察设计任务书	
	006	设计单位接到变更勘察设计任务书后予以确认并做好设计准备工作	
	007	对于需要变更的由工程管理员组织设计单位设计人员到现场对需要变更的部分进行勘察。设计单位设计人员对现场勘察后根据现场情况出具变更图纸(包括材料、管位、管材、施工说明等内容)。变更图纸应在"变更勘察设计任务书"规定的时间内完成	
变更完成	008	当设计单位出具"工程变更图纸通知单"后,由工程管理员将设计变更的相关文件签发给施工单位	工程变更通知单
	009	施工单位接到工程管理员签发的设计变更的相关文件后,根据变更文件的要求进行施工	

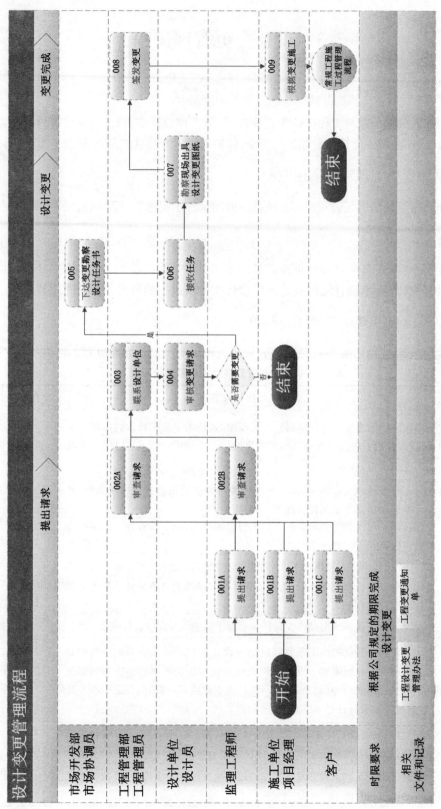

图 3-4　设计变更管理流程

3.3.5 流程关键绩效指标说明

设计变更管理流程关键绩效指标见表3-8。

表3-8 设计变更管理流程关键绩效指标

序号	指标名称	指标公式
1	变更图交付超期天数	变更图交付超期天数 = 变更图实际交付天数 - 原计划变更图交付天数(未超期则记为0)

3.3.6 相关文件

工程设计变更管理办法

3.3.7 相关记录

设计变更管理流程相关记录见表3-9。

表3-9 设计变更管理流程相关记录

记录名称	保存责任者	保存场所	归档时间	保存期限	到期处理方式
工程变更通知单	工程管理部和施工单位资料员	工程管理部和施工单位	验收后一周内	永久	—

3.3.8 相关法规

《城镇燃气设计规范》GB 50028
《城镇燃气技术规范》GB 50494
《城镇燃气输配工程施工及验收规范》CJJ 33
《城镇燃气室内工程施工与质量验收规范》CJJ 94

第4章　设备运行管理与设备采购

　　设备管理包括设备运行管理及设备运行前的采购及仓储管理。设备运行管理的主要工作见图4-1。通过设备的分级分类管理,系统建立设备台账管理,实施设备的标识管理,合理的设备监测与故障诊断,科学的设备保养、维护、检修管理,适宜的备品备件购置,保障设备运行的可靠性,建立科学的设备运行管理系统。

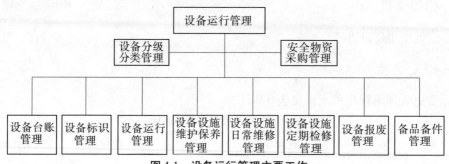

图 4-1　设备运行管理主要工作

　　物资采购管理主要包括两个方面:一是安全物资采购管理,二是仓储安全管理。安全物资采购管理的职责主要是通过流程管理工具,将采购、仓储工作标准化,明确各岗位人员的职责,确保物资采购及仓储安全管理工作的顺利开展。物资管理主要工作见图4-2。

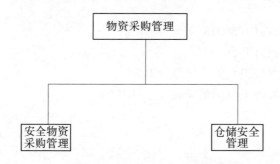

图 4-2　物资管理主要工作

各个流程的管控风险点如下所述。

(1)设备分级分类管理:设备分级分类标准、设备等级及责任人确定。

(2)设备台账管理:台账的及时更新、设备的定期盘点。

(3)设备标识管理:标识方案的确定、定期维护标识。

(4)设备运行管理:设备运行的定期检查、设备不正常的管理。

(5)设备设施维护保养管理:保养计划的制订、保养方案的确定、实施保养。

(6)设备设施维修管理:维修等级的确认、特种作业、维修的实施。

(7)设备设施定期检修(简称定修)管理:定修计划的确认、定修的实施。

(8)设备报废管理:资产注销、台账变更。

(9)备品备件管理:库存盘点、进出库管理、台账更新。

(10)安全物资采购管理:常用物资判断、验货。

(11)仓储安全管理:出入库信息管理、隐患处理。

4.1 设备分级分类管理流程

4.1.1 设备分级分类管理流程的目的

为了明确设备管理的责任目标,提高重点关键设备的关注度,根据设备的不同属性与特征,对设备进行分级分类管理,实施相应的日常管理标准、维修策略,从而有针对性地对设备进行差异化管理,提高关键设备的受控力度,并提升设备管理效率,特制定本流程。

4.1.2 设备分级分类管理流程适用范围

本流程适用于城镇燃气公司所有运行的设备,包括在用、停用、备用、报废的设备。

4.1.3 相关定义

无。

4.1.4 设备分级分类管理流程及工作标准

设备分级分类管理流程见图 4-2,设备分级分类管理流程说明及工作标准见表 4-1。

表 4-1 设备分级分类管理流程说明及工作标准

阶段	节点	工作标准	执行工具
标准建立	001	1.依据设备设施差异化管理需求提出设备分级、分类的可行性; 2.提出设备分级分类要求	设备分级分类标准
	002A	1.召集各设备使用部门设备员讨论确定设备分级分类标准;	
	002B	2.确定设备分级分类管理维护要求	
	003	技术设备部负责人对所有设备分级分类标准审核确认	
	004	总经理对所有设备分级分类标准审批确认	
设备分级分类	005	依据分级标准,完成所管辖设备的分类分级,分类分级输出设备清单,达到分级管理的目的	设备设施分级分类清单、设备设施管理责任人
	006	技术设备部负责人依据分级标准,审核确认设备分类分级清单	
	007	依据审核后的设备清单,依据重要等级,确定不同类别和等级的设备责任人	
	008	依据设备分类分级和设备责任人,建立设备设施的分级管理清单	
设备信息和台账	009A	依据设备分级标准,建立设备初始信息卡	设备初始信息卡
	009B	依据设备管理标准,定期上报设备运行数据	
	010	1.依据设备分级清单及初始信息卡建立分类设备台账; 2.建立设备台账信息	

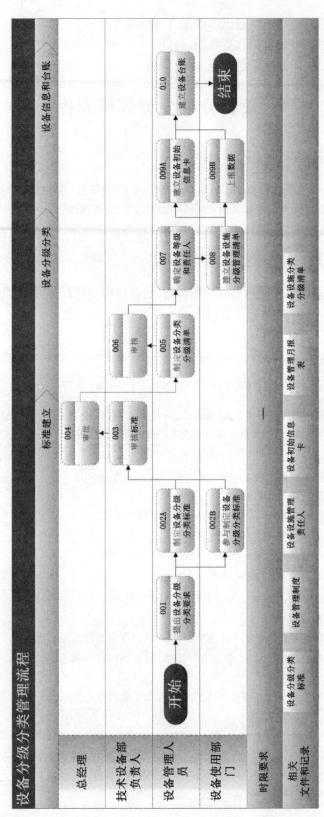

图 4-3 设备分级分类管理流程

4.1.5 流程关键绩效指标

设备分级分类管理流程关键绩效指标见表4-2。

表4-2 设备分级分类管理流程关键绩效指标

序号	指标名称	指标公式
1	设备设施分级分类管理率	设备设施分级分类管理＝已分级的设备设施/所有运行的设备设施×100%

4.1.6 相关文件

设备管理制度

设备分级分类标准

4.1.7 相关记录

设备分级分类管理流程相关记录见表4-3。

表4-3 设备分级分类管理流程相关记录

记录名称	保存责任者	保存场所	归档时间	保存期限	到期处理方式
设备设施分级分类清单	技术设备部	技术设备部	结束后	3年	封存
设备设施管理责任人	技术设备部	技术设备部	结束后	3年	封存
设备初始信息卡	技术设备部	技术设备部	结束后	3年	封存
设备管理月报表	技术设备部、设备使用部门	技术设备部	结束后	3年	封存

4.1.8 相关法规

《职业健康安全管理体系 要求及使用指南》ISO 45001

《企业安全生产标准化基本规范》GB/T 33000

《城镇燃气经营企业安全生产标准化规范》T/CGAS 002

4.2 设备台账管理流程

4.2.1 设备台账管理流程的目的

为了确保设备特征信息与设备身份信息准确、可靠、完整,为设备科学管理提供支撑,特制定本流程。

4.2.2 设备台账管理流程适用范围

本流程适用于城镇燃气公司所有投入生产运行的设备。

4.2.3 相关定义

无。

4.2.4 设备台账管理流程及工作标准

设备台账管理流程见图4-4,设备台账管理流程说明及工作标准见表4-4。

表4-4 设备台账管理流程说明及工作标准

阶段	节点	工作标准	执行工具
选型采购	001	各部门负责人对本部门购置、改造资产计划进行备案,以掌握本部门设备增添情况	设备设施清单
	002	对各部门负责人购置、改造的资产建立台账,并进行台账的更新	
	003	设备管理员根据各部门汇总的台账,将公司的设备设施台账进行更新	
	004	物资供应部负责人对购置的物品进行审核验收,核对购置物品与申领物品是否一致	
设备盘点	005	设备使用部门凭物料提货单到采购处领取购置物品	设备盘点表
	006	详细记录设备的维修情况,及时更新设备台账	
	007A	组织专业的设备设施及台账年度盘点	
	007B	配合设备管理员进行设备设施的年终盘点	
	007C	对所有的设备设施进行财务年终盘点	
台账更新	008	结合财务的盘点情况,出具部门设备设施的年度盘点报告	设备设施盘点报告
	009	审核部门的年度盘点报告	
	010	批准年度盘点报告	
	011	将年度盘点报告存档	

4.2.5 流程关键绩效指标

设备台账管理流程关键绩效指标见表4-5。

表4-5 设备台账管理流程关键绩效指标

序号	指标名称	指标公式
1	设备台账更新及时率	设备台账更新及时率 = 设备信息更新数量/设备更新总数×100%

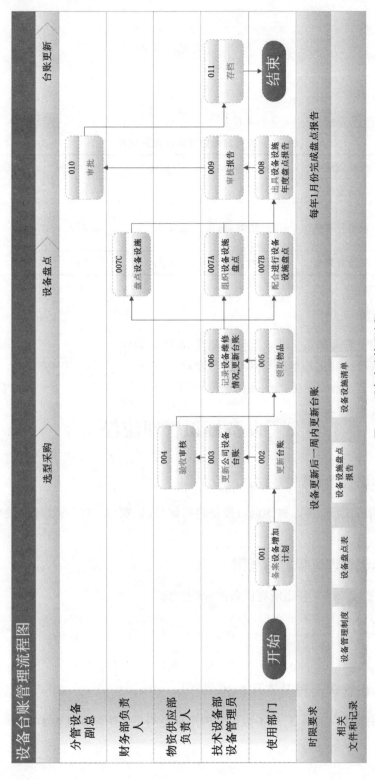

图4-4 设备台账管理流程

4.2.6 相关文件

设备管理制度

4.2.7 相关记录

设备台账管理流程相关记录见表4-6。

表4-6 设备台账管理流程相关记录

记录名称	保存责任者	保存场所	归档时间	保存期限	到期处理方式
设备设施清单	设备管理员	部门档案室	年末	永久	—
设备设施盘点报告	设备管理员	部门档案室	年末	3年	销毁
设备盘点表	设备管理员	部门档案室	年末	3年	销毁

4.2.8 相关法规

《职业健康安全管理体系　要求及使用指南》ISO 45001
《企业安全生产标准化基本规范》GB/T 33000
《城镇燃气经营企业安全生产标准化规范》T/CGAS 002

4.3 设备标识管理流程

4.3.1 设备标识管理流程的目的

通过给设备增加标识,可以科学地对设备进行编号、识别,提高设备管理的效率,特制定本流程。

4.3.2 设备标识管理流程适用范围

本流程适用于城镇燃气公司所有设备的标识管理。

4.3.3 相关定义

无。

4.3.4 设备标识管理流程及工作标准

设备标识管理流程见图4-5,设备标识管理流程说明及工作标准见表4-7。

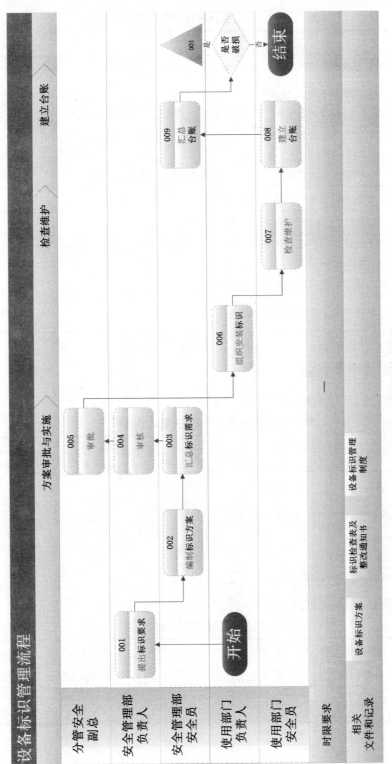

图 4-5　设备标识管理流程

表 4-7　设备标识管理流程说明及工作标准

阶段	节点	活动内容	执行工具
方案审批与实施	001	安全管理部负责人根据设备类型和特点提出标识总体要求	设备标识方案
	002	安全管理部安全员根据要求编制标识方案,包括设备类别、数量、位置、编号等;设备的标识编号作为设备运行、维护纪录的主标志	
	003	安全管理部安全员将各部门上报的标识需求汇总,上报安全管理部负责人	
	004	安全管理部负责人对需求汇总进行审核,包括标识类别、数量等	
	005	分管安全副总审核批准设备标识需求单,保证必要的安全投入	
检查维护	006	方案批准后,由使用部门负责人组织标识的安装	标识检查及整改通知书
	007	安全员检查标识落实和维护的情况,填写标识检查表,对不合格的标识下达整改通知书	
建立台账	008	使用部门安全员建立标识管理台账	—
	009	安全管理部安全员汇总标识台账	

4.3.5　流程关键绩效指标

设备标识管理流程关键绩效指标见表 4-8。

表 4-8　设备标识管理流程关键绩效指标

序号	指标名称	指标公式
1	设备标识完好率	设备标识完好率 = 设备标识完好数/设备标识总数 ×100%

4.3.6　相关文件

设备标识管理制度

4.3.7　相关记录

设备标识管理流程相关记录见表 4-9。

表 4-9　设备标识管理流程相关记录

记录名称	保存责任者	保存场所	归档时间	保存期限	到期处理方式
设备标识方案	各部门负责人	使用部门	即时	到设备报废	销毁
标识检查表及整改通知书	使用部门安全员	使用部门	一周内	3 年	销毁

4.3.8　相关法规

《职业健康安全管理体系　要求及使用指南》ISO 45001

《企业安全生产标准化基本规范》GB/T 33000

4.4 设备运行管理流程

4.4.1 设备运行管理流程的目的

为了规范设备日常运行管理,确保设备正常、安全运行,及时发现设备安全隐患和潜在缺陷,特制定本流程。

4.4.2 设备运行管理流程适用范围

本流程适用于城镇燃气公司所有设备日常运行管理。

4.4.3 相关定义

无。

4.4.4 设备运行管理流程及工作标准

设备运行管理流程见图4-6,设备运行管理流程说明及工作标准见表4-10。

表4-10 设备运行管理流程说明及工作标准

阶段	节点	活动内容	执行工具
计划阶段	001	根据部门负责人提出的设备运行要求及目标,组织相关人员具体执行	设备操作规范、设备运行管理制度
	002	设备管理责任人根据设备运行的要求,制订相应的运行规范,达到设备安全运行	
	003	管网运行部负责人审批设备管理人员提交的设备运行规范,在设备安全运行的前提下,在高效、经济上进行规范化	
	004	外部需求部门根据业务的需要,通过内部网上任务通知书或者内部工作协调单下达需要投运设备的运行日期、时间、地点、区域范围具体要求	
	005	根据设备调试运行规范和设备服务对象的要求,制订设备运行计划,达到既能满足设备调试运行规范,又能满足服务对象的要求的目的	
运行阶段	006	根据设备运行计划、内网上的任务通知书,启动相应的设备,严格按照运行规范进行科学合理的设备运行管理,达到高效、节能的安全运行	设备运行记录表、交接班记录、运行值班制度
	007	设备管理人员按照规定的频率记录设备的各运行参数,分析各参数是否在安全运行范围内,如果设备运行各参数在安全运行范围内,进入设备保养管理程序;如果设备运行各参数不在安全运行范围内,进入设备维修管理程序;妥善保存设备运行记录表,做到维修保养时要查找参数依据时,随时可以查阅	
	008	设备管理人员不定时抽查设备运行情况,检查设备是否正常,确保设备安全运行	
维修维护阶段	009	设备管理人员将设备运行情况,包括维修保养情况一起存档	—

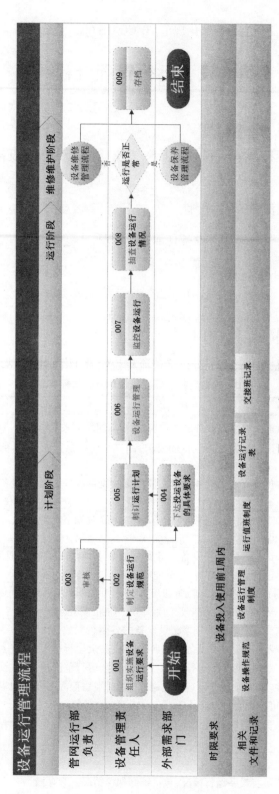

图 4-6　设备运行管理流程

4.4.5 流程关键绩效指标

设备运行管理流程关键绩效指标见表4-11。

表 4-11　设备运行管理流程关键绩效指标

序号	指标名称	指标公式
1	设备设施操作规程覆盖率	设备设施操作规程覆盖率＝已制定操作规程的设备种类数/总的设备种类数×100%

4.4.6 相关文件

设备操作规范
运行值班制度
设备运行管理制度

4.4.7 相关记录

设备运行管理流程相关记录见表4-12。

表 4-12　设备运行管理流程相关记录

记录名称	保存责任者	保存场所	归档时间	保存期限	到期处理方式
设备运行记录表	设备管理人员	主管值班室	每月底将设备运行记录表进行归类保存	3 年	销毁
交接班记录	设备管理人员	主管值班室	每月底将交接班记录表进行归类保存	3 年	销毁

4.4.8 相关法规

《职业健康安全管理体系　要求及使用指南》ISO 45001
《企业安全生产标准化基本规范》GB/T 33000
《城镇燃气经营企业安全生产标准化规范》T/CGAS 002

4.5 设备设施维护保养管理流程

4.5.1 设备设施维护保养管理流程的目的

为了确保设备设施安全运行,为用户提供优质及安全的服务,特制定本流程。

4.5.2 设备设施维护保养流程适用范围

本流程适用于城镇燃气公司管网运行设备设施、场站设备设施及附属设施的维护,包括燃气场站设备设施、埋地管道、阀门井、调压设施、管道警示贴及管道标示桩。

4.5.3 相关定义

无。

4.5.4 设备设施维护保养管理流程及工作标准

设备设施维护保养管理流程见图4-7,设备设施维护保养管理流程说明及工作标准见表4-13。

表4-13 设备设施维护保养管理流程说明及工作标准

阶段	节点	活动内容	执行工具
保养计划编制	001	设备管理责任人根据设施日常巡查情况和设施检测与测量流程数据进行汇总,为制订保养计划提供依据	—
	002	设备使用部门管理员根据设备设施实际状况和需求,对设施运行状况进行调研	
	003	设备使用部门管理员根据调研结果编制设施保养计划	
	004	对设备使用部门管理员提交的设备保养计划进行审核,保证设备不会欠保养和过保养	
	005	分管设备副总对设备使用部门提交的设备保养计划审核	
	006	总经理批准设备保养计划,并从财力、物力、人力上保证设备保养计划能够落实	
方案审核	007	设备管理责任人员针对不同设施运行状况,编制保养方案(方案必须能覆盖所有设备设施)	设备设施维保方案
	008A	设备使用部管理员组织对方案的可行性进行讨论,确定参加人员、时间、地点等内容	
	008B	参加方案论证,从专业角度提出意见和建议	
	008C	参加方案论证,提出意见和建议	
	009	维护人员或单位根据论证报告对需修订部分实施修订	
	010	设备使用部门管理员对方案中修订内容进行确定	
	011	设备使用部门审核方案,包括方案中设备设施维保覆盖率和方案的可行性	
	012	分管设备副总审核维保人员或单位提交的维保方案	
	013	总经理负责方案及经费的批准	
维保实施	014A	设备使用部门管理员组织与维护保养分包方签订合同	维护保养记录、设备设施维保方案
	014B	维保人员或单位签订合同	
	015	维保人员或单位对方案组织实施	
	016	设备管理责任人组织相关人员对保养结果按保养方案和合同要求进行验收	

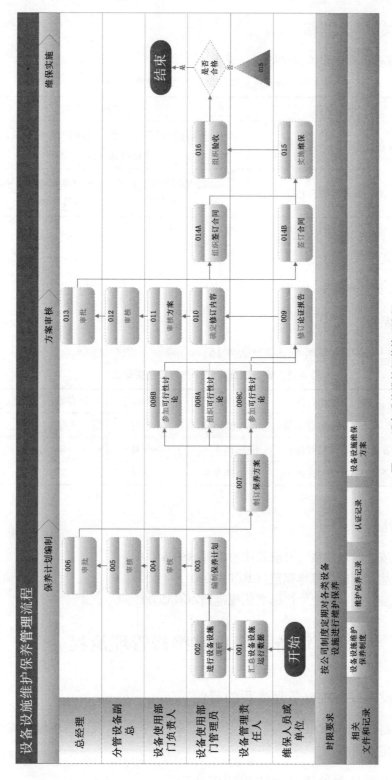

图 4-7　设备设施维护保养管理流程

4.5.5 流程关键绩效指标

设备设施维护保养流程关键绩效指标见表4-14。

表4-14 设备设施维护保养流程关键绩效指标

序号	指标名称	指标公式
1	设备设施维护保养覆盖率	设备设施维护保养覆盖率=已维护保养设备设施数量/设备设施总数×100%
2	维护保养验收合格率	维护保养验收合格率=维护保养验收合格数/维护保养设备设施总数×100%

4.5.6 相关文件

设备设施维护保养制度

4.5.7 记录保存

设备设施维护保养流程相关记录见表4-15。

表4-15 设备设施维护保养流程相关记录

记录名称	保存责任者	保存场所	归档时间	保存期限	到期处理方式
认证记录	档案管理员	设施档案室	一个月	3年	销毁
设备设施维保方案	档案管理员	设施档案室	一个月	3年	封存
维护保养记录	档案管理员	设施档案室	一个月	3年	封存

4.5.8 相关法规

《职业健康安全管理体系 要求及使用指南》ISO 45001
《企业安全生产标准化基本规范》GB/T 33000
《城镇燃气经营企业安全生产标准化规范》T/CGAS 002

4.6 设备设施日常维修管理流程

4.6.1 设备设施日常维修管理流程的目的

为了规范设备设施日常维修管理,确保设备正常、安全运行,及时发现设备安全隐患和潜在缺陷,特制定本流程。

4.6.2 设备设施日常维修管理流程适用范围

本流程适用于城镇燃气公司所有设备日常维修管理。

4.6.3 相关定义

无。

4.6.4 设备设施日常维修管理流程及工作标准

设备设施日常维修管理流程见图4-8,设备设施日常维修管理流程说明及工作标准见表4-16。

表4-16 设备设施日常维修管理流程说明及工作标准

阶段	节点	工作标准	执行工具
申请阶段	001	当设备运行到一定时间时,或在规定时间内将要出现或已经出现隐患的,设备管理员分析原因,提出维修申请	—
	002	设备使用部门负责人对设备管理员提出的维修申请进行审核,给予相关意见,如设备为大中修需报送技术设备部审核。否则,通知设备管理员进行维修前准备	
	003	技术部门负责人审核维修申请	
	004	属于中修的,维修申请上报设备使用部门分管副总,否则通知设备维修工进行维修前准备	
	005	分管副总对维修(大修)申请进行审批	
	006	维修工进行维修前准备,需要动火的,进行动火作业申请审批	
维修阶段	007A	技术设备部负责人对维修现场进行监督,避免出现不合规的动作或行为	—
	007B	维修工进行维修工作,维修时做好个人安全防护工作,如修理为中大修,需通知技术设备部进行现场监督	
维修总结阶段	008A	设备管理人员对维修进行总结,分析故障原因,对维修过程进行评估,总结维修存在的不足,如为大中修需将大中修维修报告送审技术部,否则直接对总结进行归档。	—
	008B	审核维修总结,如为大中修需将总结送审技术部,否则直接通知设备管理员进行归档。	
	008C	使用部门负责人对总结进行审阅。	
	008D	技术设备部负责人对总结进行审阅,如修理为中大修,将总结送审使用部门分管领导,否则通知设备管理员进行归档。	
	008E	使用部门分管副总对总结(中修)进行审阅。 分管设备副总对总结(大修)进行审阅	
	009	将档案移交至公司档案室进行归档	

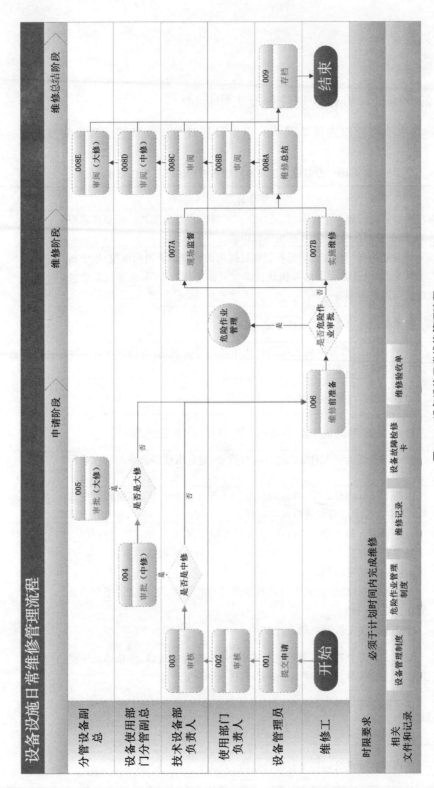

图 4-8　设备设施日常维修管理流程

4.6.5　关键绩效指标

设备设施日常维修管理流程关键绩效指标见表4-17。

表4-17　设备设施日常维修管理流程关键绩效指标

序号	指标名称	指标公式
1	维修前的危险源辨识，维修后安全检查	（1）维修前进行危险源识别，预先分析存在风险，预防事故发生,危险源辨识率100%； （2）大修过程中,现场监护率为100%； （3）维修完成后进行严格的安全测试后方可运行被维修设备,检测率100%
2	维修验收合格率	维修验收合格率＝维修验收合格数/维修设备设施总数×100%

4.6.6　相关文件

设备管理制度

危险作业管理制度

4.6.7　相关记录

设备设施日常维修管理流程相关记录见表4-18。

表4-18　设备设施日常维修管理流程相关记录

记录名称	保存责任者	保存场所	归档时间	保存期限	到期处理方式
设备故障检修卡	主管	主管值班室	每月底将设备运行记录表进行归类保存	3 年	销毁
维修记录	维修人员	维修人员值班室	每月底将设备运行记录表进行归类保存	3 年	销毁
维修验收单	主管	主管值班室	每月底将设备运行记录表进行归类保存	3 年	销毁

4.6.8　相关法规

《职业健康安全管理体系　要求及使用指南》ISO 45001

《企业安全生产标准化基本规范》GB/T 33000

《城镇燃气经营企业安全生产标准化规范》T/CGAS 002

4.7 设备设施定期检修管理流程

4.7.1 设备设施定期检修管理流程的目的

为了使检修的设备经常保持良好的工作状态,及时消除设备缺陷,防止设备事故,延长设备使用寿命,为完成生产计划创造良好的条件,特制定本流程。

4.7.2 设备设施定期检修管理流程适用范围

本流程适用于城镇燃气公司范围内所有设备设施的检修工作。

4.7.3 相关定义

设备设施检修:为保持、恢复以及提升设备设施技术状态进行的技术活动。

4.7.4 设备设施定期检修管理流程及工作标准

设备设施定期检修管理流程见图4-8,设备设施定期检修管理流程说明及工作标准见表4-19。

表4-19 设备设施定期检修管理流程说明及工作标准

阶段	节点	工作标准	执行工具
检修准备	001	设备使用部门管理人员制订设备定修计划,编制计划应考虑以下方面:设备定修周期、设备日常点巡检记录。 定修计划应规定维修设备的名称、维修方式、检修安全措施、预计工时、明确定修组织机构、参加检修人员、重点项目逐个落实到人、工器具、材料及配件、要达到的质量要求等	设备定修计划
	002	设备管理负责人根据设备运行工况提出与之相应的具体的定修项目;按定修的方针及环保、安全、高效、文明、节约的原则全面讨论定修的相关工作	
	003	设备使用部门设备管理员根据本部门实际情况修订定修计划	
	004	设备使用部门负责人审核的定修计划,并做出相关批示,上报分管副总	
	005	分管设备副总对定修计划进行审核	
	006	总经理对定修计划和费用进行审批	

阶段	节点	工作标准	执行工具
检修	007	设备使用部门管理员汇总各部门定修计划,每月跟踪定修计划完成情况,填写年度定修计划完成情况一览表	年度定修计划实施一览表、设备定修验收单
检修	008	设备管理负责人按照定修计划填报备品备件采购计划,明确采购数量、规格型号、到货期等内容	年度定修计划实施一览表、设备定修验收单
检修	009A	设备使用部门管理员根据定修计划对进度、质量、安全等内容实施监督检查	年度定修计划实施一览表、设备定修验收单
检修	009B	设备管理负责人组织实施经审核后的定修计划;工程技术人员与材料员共同组织、领用定修用备品备件	年度定修计划实施一览表、设备定修验收单
检修	009C	维保单位和人员承担的检修内容按签订协议保质、保量、按时完成定修工作	年度定修计划实施一览表、设备定修验收单
检修结束	010	外部验收检查:主要检查机械设备装配的完整性,其中包括润滑、坚固和渗漏现象的检查。 空运转或试验负荷试验:主要试验机械设备的动态性能,包括起动性能、制动性能和安全性能等,并对有关部位的振动、温度等指标进行测试,验证机械设备是否达到正常使用技术要求。 机械试验后的复查:主要复查试验后有无不正常现象产生,同时要消除试验中发现的缺陷和故障,进行必要的调整。 发现新的检修方法及时纳入到设备检修规程中。 维修完毕,设备部门应组织相关主管对维修设备进行验收,填写定修验收记录,将维修报告单存入设备档案	—

4.7.5 流程关键绩效标准

设备设施定期检修管理流程关键绩效指标见表 4-20。

表 4-20 设备设施定期检修管理流程关键绩效指标

序号	指标名称	指标公式
1	设备设施按时检修率	设备设施按时检修率 = 设备设施按时检修数量/应检修数量 ×100%
2	定修验收合格率	定修验收合格率 = 定修验收合格数/定修设备设施总数 ×100%

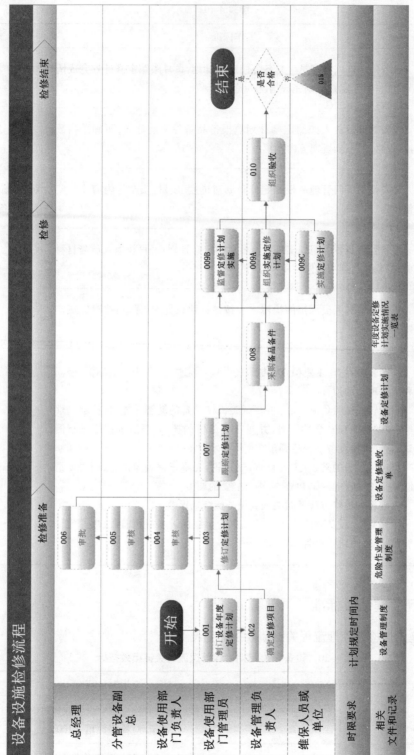

图 4-9　设备设施定期检修管理流程

4.7.6　相关文件

设备管理制度
危险作业管理制度

4.7.7　相关记录

设备设施日常检修管理流程相关记录见表4-21。

表 4-21　设备设施日常检修管理流程相关记录

记录名称	保存责任者	保存场所	归档时间	保存期限	到期处理方式
年度定修计划实施情况一览表	设备管理员	设备使用部门	一周内	永久	—
设备定修验收单	设备管理员	设备使用部门	一周内	永久	—
设备定修计划	设备管理员	设备使用部门	一周内	永久	—

4.7.8　相关法规

《职业健康安全管理体系　要求及使用指南》ISO 45001
《企业安全生产标准化基本规范》GB/T 33000
《城镇燃气经营企业安全生产标准化规范》T/CGAS 002

4.8　设备报废管理流程

4.8.1　设备报废管理流程的目的

为了规范设备报废管理,确保城镇燃气公司设备资产的清晰,特制定本流程。

4.8.2　设备报废管理流程适用范围

本流程适用于城镇燃气公司管网输配及场站设备报废管理。

4.8.3　相关定义

无。

4.8.4　设备报废管理流程及工作标准

设备报废管理流程见图4-10,设备报废管理流程说明及工作标准见表4-22。

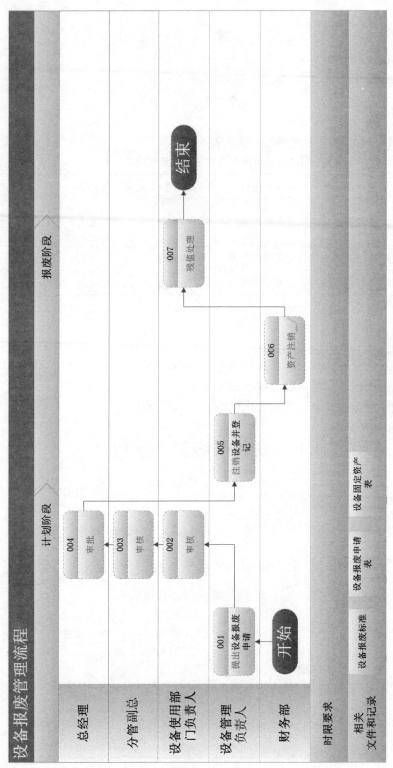

图 4-10 设备报废管理流程

表 4-22　设备报废管理流程说明及工作标准

阶段	节点	工作标准	执行工具
计划阶段	001	根据设备维修技术人员维修的结果,如果维修费用超过设备本身价钱的80%以及已经淘汰的设备而无法配置零配件,由设备管理负责人提出设备报废,并填写设备报废表	设备报废标准
	002	依据设备管理负责人提交的设备报废表,设备使用部门负责人审核设备实际使用情况后上报给分管副总	
	003	分管副总审核设备报废表	
	004	总经理根据分管副总审核的情况,批准设备报废	
报废阶段	005	设备管理负责人对总经理批准的报废设备进行登记,并注销设备固定资产人	设备报废申请表
	006	财务部及时对报废的设备进行资产注销,保证新购置的设备和报废的设备在设备固定资产上不会重复	
	007	设备使用部门负责人召集相关人员对报废设备进行残值处理,或者交相关人员集中管理、集中处理	

4.8.5　流程关键绩效指标

设备报废管理流程关键绩效指标见表4-23。

表 4-23　设备报废管理流程关键绩效指标

序号	指标名称	指标公式
1	设备及时报废率	设备及时报废率 = 及时报废设备数量/到期设备数量×100%

4.8.6　相关文件

设备报废标准

4.8.7　相关记录

设备报废管理流程相关记录见表4-24。

表 4-24　设备报废管理流程相关记录

记录名称	保存责任者	保存场所	归档时间	保存期限	到期处理方式
设备报废申请表	档案保管员	办公室和财务部	一周内	3 年	封存
设备固定资产表	档案保管员	财务部	一周内	3 年	封存

4.8.8 相关法规

《职业健康安全管理体系　要求及使用指南》ISO 45001
《企业安全生产标准化基本规范》GB/T 33000
《城镇燃气经营企业安全生产标准化规范》T/CGAS 002
《特种设备监察条例》

4.9　备品备件管理流程

4.9.1　备品备件管理流程的目的

为了规范零配件的管理,提高零配件的利用率,节约成本,特制定本流程。

4.9.2　备品备件管理流程适用范围

本流程适用于城镇燃气公司所有设备备品备件采购、储存、使用管理。

4.9.3　相关定义

备品备件:与设备有关的、需要提前准备的零配件、易损备用件。

4.9.4　备品备件管理流程及工作标准

备品备件管理流程见图4-11,备品备件管理流程说明及工作标准见表4-25。

表4-25　备品备件管理流程说明及工作标准

阶段	节点	工作标准	执行工具
需求采购	001	备品备件需求部门负责人根据设备维修、保养计划的需要和 A、B 类设备重要性,编制备品备件计划	物资需求计划表、物资采购计划表
	002	物资供应部采购员汇总各业务组计划	
	003	根据物资供应部采购员提交的备品备件计划,结合公司运作情况以及部门经费,物资供应部负责人对计划进行审核后,呈报给分管物资供应副总	
	004	分管物资供应副总审核备品备件计划	
	005	根据分管物资供应副总审核的备品备件计划,结合公司运作情况以及经费权限,进行审批	
	006	根据设备维修、保养、运行的需要,物资供应部采购员填写物资需求表申购零配件。物资需求表上标明零配件的型号、规格和相关参数以及用途、到货时间	
	007	物资供应部负责人根据物资供应部采购员提交的物资需求表和维修保养内容,了解设备的状况,对购买的零配件进行核实,并上报给相关部门负责人审核	
	008	物资供应部库管员根据业务组负责人核实的物资需求表,盘点库存的备品备件,如果有库存,退回物资需求表,并通知主管直接领用。若没有库存,在物资供应部物资需求表签字,走采购流程	

阶段	节点	工作标准	执行工具
验收	009	物资供应部库管员对采购回来的零配件进行办理相关入库手续,并对库存的物品进行定期盘点、检验	物资领料单
验收	010	零配件采购到位后,备品备件需求部门立即填物资领料单交相关领导审批,在领料单上写明零配件的型号、规格、数量及用途	物资领料单
发放	011	备品备件需求部门负责人根据物资供应部库管员上交的物资领料单,及时掌握设备维修的进度,批准零配件的领用	设备维修记录
发放	012	物资供应部库管员根据备品备件需求部门负责人批准的物资领料单,仔细核实零配件的型号、名称、数量是否一致,如无误进行发放,并办理相关手续,有误则不予以发放	设备维修记录
发放	013	零配件领用后,备品备件需求部门首先对零配件相关的技术资料进行登记备案后,进行更换、维修,并在维修记录表上记录维修过程	设备维修记录
发放	014	物资供应部库管员负责对更换的零配件进行回收,以备查档、技术追踪	设备维修记录

4.9.5 流程关键绩效指标

备品备件管理流程关键绩效指标见表4-26。

表 4-26 备品备件管理流程关键绩效指标

序号	指标名称	指标公式
1	无	—

4.9.6 相关文件

采购管理制度

4.9.7 相关记录

备品备件管理流程相关记录见表4-27。

表 4-27 备品备件管理流程相关记录

记录名称	保存责任者	保存场所	归档时间	保存期限	到期处理方式
物资采购计划表	物资供应部采购员	采购负责人办公室	一周内	3 年	销毁
物资需求计划表	物资供应部采购员	采购人员办公室	一周内	3 年	销毁
物资领料单	备品备件需求部门	值班室	一周内	3 年	销毁
设备维修记录	备品备件需求部门	值班室	一周内	3 年	封存

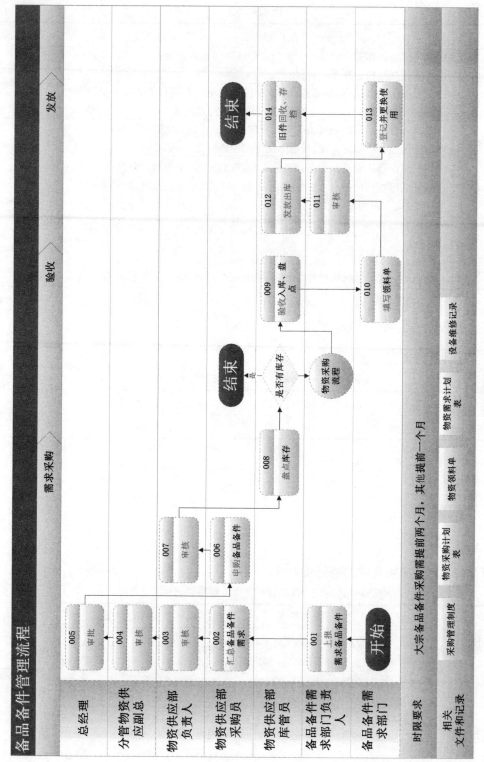

备品备件管理流程

	需求采购	验收	发放

总经理 — 005 审批

分管物资供应副总 — 004 审核

物资供应部负责人 — 003 审核

物资供应部采购员 — 006 申购备品备件

物资供应部库管员 — 008 盘点库存 / 009 验收入库、盘点 / 011 审核 / 012 发放出库 / 013 登记并更换使用 / 014 旧件回收、存档

备品备件需求部门负责人 — 002 汇总备品备件需求 / 007 审核 / 010 填写领料单

备品备件需求部门 — 开始 / 001 上报需求备品备件

结束 / 是否有库存 / 物资采购流程 / 结束

时限要求	相关文件和记录
大宗备品备件采购需提前两个月，其他提前一个月	采购管理制度　物资采购计划表　物资领料单　物资需求计划表　设备维修记录

图 4-11　备品备件管理流程

· 110 ·

4.9.8 相关法规

《职业健康安全管理体系　要求及使用指南》ISO 45001
《企业安全生产标准化基本规范》GB/T 33000
《城镇燃气经营企业安全生产标准化规范》T/CGAS 002

4.10 安全物资采购管理流程

4.10.1 安全物资采购管理流程的目的

为了加强和规范安全物资管理,使之合理、高效、有序流动,并在动态管理中做到信息收集准确、流通控制有序、系统管理有章,以期达到对物资流通全过程的有效监控,特制定本流程。

4.10.2 安全物资采购管理流程适用范围

本流程适用于城镇燃气公司安全物资采购、收货及验收管理。

4.10.3 相关定义

安全物资:与安全生产相关的物资,如劳动防护用品、应急物资等。

4.10.4 安全物资采购管理流程及工作标准

安全物资采购管理流程见图 4-12,安全物资采购管理流程说明及工作标准见表 4-28。

表 4-28　安全物资采购管理流程说明及工作标准

阶段	节点	工作执行标准	执行工具
汇总阶段	001	年初由采购管理员根据年度物资采购合格供应商名录和战略管理部招标结果,编制部门年度物资合格供应商名录	采购需求单
	002	各部门需求提报人根据各自的需求创建采购需求单,经施工管理员审核,部门经理批准后,报送至物资供应部采购员	
采购阶段	003	对于需要选型的设备,安全管理部根据需求,进行市场调查,选购合适的设备,并出具选型报告	采购订单
	004	计划管理员根据提交的采购需求单区分是否常用物资,常用物资结合实际库存情况汇总编制采购计划单,非常用物资提报相关领导审批	
	005	物资供应部负责人负责审核计划管理员编制的采购需求单、月度采购计划单	
	006	对上报的采购需求单、月度采购计划单,分管安全副总进行审核批准	
	007	总经理对上报的非常规特殊物料进行审核批准	
	008	采购管理员根据审核批准后的采购计划单,创建采购订单	
	009	物资供应部负责人对采购订单进行审批	
	010	采购管理员将部门领导批准的采购订单发至供应商,对所需物料进行采购,并及时跟催货物	
	011	供应商及时安排生产,保质、保量按时交货	

阶段	节点	工作执行标准	执行工具
验收阶段	012A	检查货物质量、数量,是否与采购订单符合。如有质量、数量不符合,及时与供应商沟通	来料登记表、物资验收表
	012B	检查采购货物质量、数量,与随货清单或发票是否相符,并填写来料登记表	
	012C	严格按照产品外表验收标准检查货物质量、数量,是否与采购订单相符。收集该产品质量说明书、合格证等资料,并及时填写物资验收表	
入库阶段	013	仓储管理员根据采购订单、检验记录、发票或随货清单填写采购入库单,将采购的货物按照类型储存、入库,并做好入库记录	物资验收表

4.10.5 流程关键绩效指标

安全物资采购管理流程关键绩效指标见表 4-29。

表 4-29 安全物资采购管理流程关键绩效指标

序号	指标名称	指标公式
01	货物验收合格率	货物验收合格率 = 合格货物数量/货物总数 × 100%

4.10.6 相关文件

物资采购管理制度

4.10.7 相关记录

安全物资采购管理流程相关记录见表 4-30。

表 4-30 安全物资采购管理流程相关记录

记录名称	保存责任者	保存场所	归档时间	保存期限	到期处理方式
采购需求单	采购管理员	物资供应部	每季度	3 年	销毁
采购计划单	计划管理员	物资供应部	每年	3 年	销毁
采购订单	采购管理员	物资供应部	每季度	3 年	销毁
来料登记表	仓库主任	物资供应部	每季度	永久	—
物资验收表	仓库管理员	物资供应部	每季度	永久	—

4.10.8 相关法规

《职业健康安全管理体系 要求及使用指南》ISO 45001

《企业安全生产标准化基本规范》GB/T 33000

《城镇燃气经营企业安全生产标准化规范》T/CGA S 002

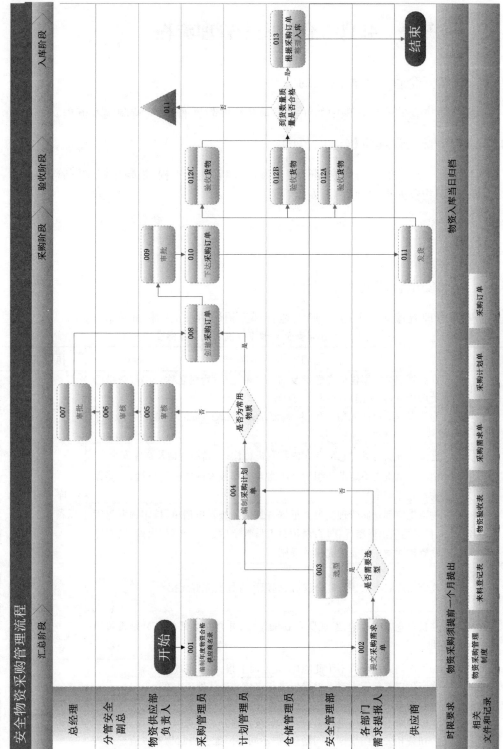

图 4-12 安全物资采购管理流程

4.11 仓储安全管理流程

4.11.1 仓储安全管理流程的目的

为了明确物资仓储安全管理中的注意事项及仓库隐患的处理,特制定本流程。

4.11.2 仓储安全管理流程适用范围

本流程适用于城镇燃气公司仓储管理,二级仓储管理及工程、抢险维修物资管理,入库、出库、退库、废旧物资处理,仓储物资安全管理工作。

4.11.3 相关定义

无。

4.11.4 仓储安全管理流程及工作标准

仓储安全管理流程见图4-13,仓储安全管理流程说明及工作标准见表4-31。

表4-31 仓储安全管理流程说明及工作标准

阶段	节点	工作执行标准	执行工具
入库阶段	001	仓储管理员根据供应商送货及随货订单,核对物料名称、型号、数量等有关质检资料,无误后办理入库手续	采购入库单
	002	仓储管理员根据采购订单、检验记录、发票或随货清单填制采购入库单	
出库阶段	003A	仓储管理员每天对仓库及库内物资进行检查,确保货物及仓库安全	库存材料盘点表
	003B	由部门负责人不定期组织检查小组对仓库及库内物资进行检查,确保货物及仓库安全	
	004	物资供应部仓储管理员负责根据各部门的领料申请单,打印物资出库单,核对物资出库单无误后,由领料人员签字后进行物料的出库,所有库存物出库均按照先进先出的原则	
检查阶段	005A	物资出库时再次进行联合验收,确保库存物资完好无损	—
	005B		
	006A	在检查仓库过程中,发现所存在的隐患,并判断本部门人员是否可以解决	
	006B		
问题处理阶段	007	如本部门人员解决不了此隐患,须及时上报,并上报处理方案	—
	008	物资供应部负责人对上报隐患进行审核并确认处理方案	
	009	分管安全副总对上报隐患进行审核并同意处理方案	
	010	总经理对上报隐患进行审批并同意按处理方案解决	
	011	公司各相关部门根据不同隐患,需不同部门配合协同物资供应部处理危险隐患	
	012	本部门人员可以解决的隐患,则直接处理,以防安全事故发生	

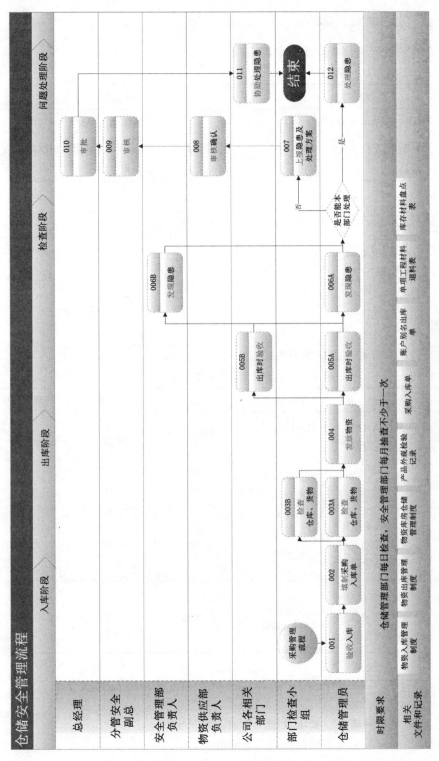

图 4-13 仓储安全管理流程

4.11.5 流程关键绩效指标

仓储安全管理流程关键绩效指标见表4-32。

表4-32 仓储安全管理流程关键绩效指标

序号	指标名称	指标公式
1	物资出库验收	出库物资验收率100%
2	隐患整改率	隐患整改率=（自查＋外查）隐患整改数/隐患总数×100%

4.11.6 相关文件

物资库房仓储管理制度

物资入库管理制度

物资出库管理制度

4.11.7 相关记录

仓储安全管理流程相关记录见表4-33。

表4-33 仓储安全管理流程相关记录

记录名称	保存责任者	保存场所	归档时间	保存期限	到期处理方式
采购入库单	采购管理员、仓储管理员	物资供应部、财务部	每月度	3年	销毁
账户别名出库单	物资供应部仓储管理员	物资供应部、财务部、施工单位	每月度	3年	销毁
单项工程材料退料表	工程部施工管理员、物资供应部仓储管理员	物资供应部、工程管理部	每月度	3年	销毁
库存材料盘点表	计划财务部材料会计、物资供应部仓储管理员	财务部、物资供应部	每季度	3年	销毁

4.11.8 相关法规

《职业健康安全管理体系 要求及使用指南》ISO 45001

《企业安全生产标准化基本规范》GB/T 33000

《城镇燃气经营企业安全生产标准化规范》T/CGA S 002

第5章 工程管理

城镇燃气企业的工程管理主要包括施工过程管理和施工验收管理,燃气企业又多将工程分为常规工程和大型工程,大型工程一般是委托施工,因而本章节主要依据这个特点展示常规工程施工过程管理、大型工程施工过程管理、常规工程竣工验收管理、工程接收管理、施工相关方管理,见图5-1。通过以上管理流程,保证工程的施工、验收、接收各环节顺利进行,并确保整个施工过程的安全,包括施工相关方的安全。

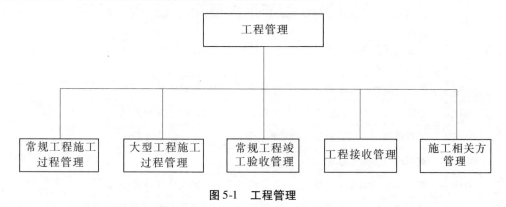

图 5-1 工程管理

各个流程的管控风险点如下所述。

(1)常规工程施工过程管理:施工方案的制订及确认、施工条件的确认、现场施工监督、施工后的安全确认、特种作业。

(2)大型工程施工过程管理:安全和技术交底、开工报告、开工条件确认、现场施工监督、施工后的安全确认、特种作业。

(3)常规工程竣工验收管理:工程竣工资料验收、工程现场验收、整改验收。

(4)工程接收管理:工程图纸确认、现场接收确认。

(5)施工相关方管理:合同和安全协议的签订、施工方的考核。

5.1 常规工程施工过程管理流程

5.1.1 常规工程施工过程管理流程的目的

为了保障施工过程的顺利进行,确保工程质量和安全符合国家法律法规、规范及公司相关条款的规定,特制定本流程。

5.1.2 常规工程施工过程管理流程适用范围

本流程适用于城镇燃气公司新建、改建、扩建范围内的施工现场管理。

5.1.3　相关定义

无。

5.1.4　常规工程施工过程管理流程及工作标准

常规工程施工过程管理流程见图 5-2,常规工程施工过程管理流程说明及工作标准见表 5-1。

表 5-1　常规工程施工过程管理流程说明及工作标准

阶段	节点	工作执行标准	执行工具
方案、图纸、材料审查	001	施工单位依据施工图纸编制安全施工方案	工程建设指引
	002	监理单位审核施工单位安全施工方案,发现不符合后及时通知施工单位修改	
	003	工程管理部现场管理员审核施工方案,涉及危险性较大工程时,报工程部负责人审核	
	004A	针对危险性较大工程,工程管理部负责人组织专家论证	
	004B	专家组参加专家论证会,对安全施工方案提出合理建议与意见	
	004C	工程管理部现场管理员参加专家论证会	
	004D	监理单位参加专家论证会	
	004E	施工单位参加专家论证会,对专家组提出的意见与建议落实整改	
	005A	施工单位材料及设备进场后,由施工单位组织工程管理部现场管理员对施工所用材料及设备进行检验。(材料是否损坏,有无合格证,设备是否可以正常运行、有无安全隐患等)	
	005B	施工单位材料及设备进场后,由施工单位组织现场监理工程师对施工所用材料及设备进行检验。(材料是否损坏,有无合格证,设备是否可以正常运行、有无安全隐患等)	
	006	施工单位接到整改意见后,立即对施工材料及施工机具进行整改,整改完成前禁止施工,整改完成后再次申请检验	
施工管理	007	施工所需材料及设备检验无问题后,施工单位按照施工图纸及技术交底时提出的技术方案进行施工	安全检查表、隐患整改通知书、隐患台账
	008A	施工单位进入现场开始施工后,工程管理部现场管理员根据国家和行业标准及规范和公司的管理制度对施工单位进行管理,并不定期开展安全监督检查。检查发现的隐患按照公司隐患管理流程执行。	
	008B		
	008C	施工过程中施工单位发生安全事故,按照事故管理流程逐级上报事故情况	
	009	施工单位不定期开展安全监督检查,检查发现的隐患按照公司隐患管理流程执行	
检查验收	010	工程安装部分完成后,按照国家相关规范对工程进行吹扫和压力试验,试验不合格的部分立即进行整改,试验合格后,按照竣工验收—碰接—拨交流程进行验收和拨交	—

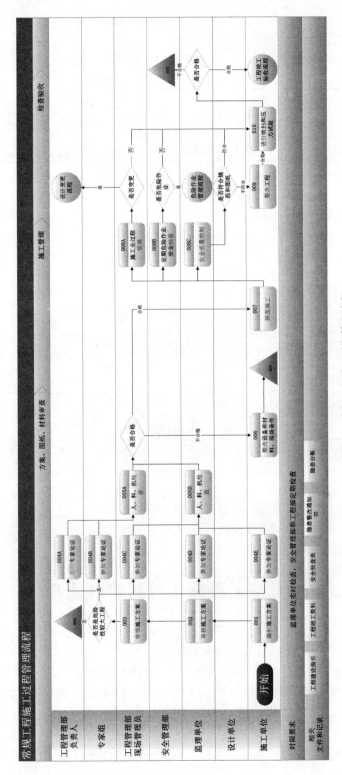

图 5-2 常规工程施工过程管理流程

5.1.5 流程关键绩效指标

常规工程施工过程管理流程关键绩效指标见表5-2。

表 5-2 常规工程施工过程管理流程关键绩效指标

序号	指标名称	指标公式
1	隐患整改率	隐患整改率＝隐患整改完成数/发现隐患总数×100%
2	事故上报率	事故上报率＝事故上报数量/事故发生总数×100%

5.1.6 相关文件

工程建设指引

5.1.7 相关记录

常规工程施工过程管理流程相关记录见表5-3。

表 5-3 常规工程施工过程管理流程相关记录

记录名称	保存责任者	保存场所	归档时间	保存期限	到期处理方式
工程竣工资料	公司档案管理员	公司档案室	竣工后	长期	—
安全检查表	工程管理员	公司档案室	竣工后	长期	—
隐患整改通知书	工程管理员	公司档案室	竣工后	长期	—
隐患台账	工程管理员	公司档案室	竣工后	长期	—

5.1.8 相关法规

《城镇燃气输配工程施工及验收规范》CJJ 33
《城镇燃气室内工程施工与质量验收规范》CJJ 94
《聚乙烯燃气管道工程技术规程》CJJ 63

5.2 大型工程施工过程管理流程

5.2.1 大型工程施工过程管理流程的目的

为了保障施工过程的顺利进行,确保大型工程(单独招标投标工程)的质量符合国家法律法规、规范和公司相关条款的规定,并确保工程的安全及规范性,特制定本流程。

5.2.2 大型工程施工过程管理流程适用范围

本流程适用于城镇燃气公司范围内大型工程(单独招标投标工程)的施工现场管理。

5.2.3 相关定义

无。

5.2.4 大型工程施工过程管理流程及工作标准

大型工程施工过程管理流程见图5-3,大型工程施工过程管理流程说明及工作标准见表5-4。

表5-4 大型工程施工过程管理流程说明及工作标准

阶段	节点	工作执行标准	执行工具
施工准备	001A	施工开始前,由工程管理部负责人组织工程管理部、设计单位、监理单位、施工单位进行技术交底和图纸会审。 工程管理部负责人组织并参与技术交底及图纸会审,并提出修改意见	工程建设指引
	001B	工程管理部现场管理员参与技术交底及图纸会审,提出施工的技术方案及图纸修改意见,并在交底记录及会审记录上签字	
	001C	监理单位监理工程师参与技术交底及图纸会审,提出施工的技术方案及图纸修改意见,并在交底记录及会审记录上签字	
	001D	设计单位工程技术质量管理员参与技术交底及图纸会审,提出施工的技术方案及图纸修改意见,并在交底记录及会审记录上签字	
	001E	施工单位该项工程施工员参与技术交底及图纸会审,提出施工的技术问题及图纸修改意见,并在交底记录及会审记录上签字	
	002	施工单位在进行施工前,根据《中华人民共和国建筑法》规定编制施工组织设计方案,并将方案提交监理工程师进行初步审查。 施工单位对监理及工程管理部审查和审核未通过的施工组织设计按意见进行修改,修改完成后再次提交审查	
	003	监理单位总监理工程师,对施工单位提交的施工组织设计方案进行初步审查,对不合格项提出修改意见,令施工单位进行修改。合格后签字并交工程管理部进行审核	
	004	监理单位审查通过的施工组织设计交工程管理部现场管理员进行审核,对不合格项提出修改意见,令施工单位进行修改。合格后签字确认	
	005	施工单位进场施工前将开工报告交监理工程师及工程管理部进行审批。没提交开工报告的不能施工	
	006	监理单位总监理工程师审核开工条件,并审批开工报告。通知施工单位可以进场施工	
	007	工程管理部负责人审核开工条件,并审批开工报告	
	008	分管工程副总审核开工条件,并审批开工报告	

阶段	节点	工作执行标准	执行工具
施工管理	009	施工单位按照批准的材料领用单到材料公司领用。材料及设备进场后,向该工程监理工程师及现场管理员提出材料及设备报验请求	安全检查表、隐患整改通知书、隐患台账
	010A	施工单位材料及设备进场后,由施工单位组织现场监理工程师及现场管理员对施工所用材料及设备进行检验(材料是否损坏、有无合格证,设备是否可以正常运行、有无安全隐患等),并对 DN150 以上钢制阀门进行水压试验	
	010B		
	011	施工单位接到整改意见后,立即对施工材料及施工机具进行整改,并对水压试验不合格阀门进行整改,整改完成前禁止施工,整改完成后再次申请检验	
	012	施工所需材料及设备检验无问题后,施工单位按照施工图纸及技术交底时提出的技术方案进行施工	
	013	施工单位进入现场开始施工后,工程管理部负责人不定期对工程现场进行检查,并根据国家和行业标准、规范及公司的管理制度对施工单位进行管理,并对施工过程中产生的技术和第三方协调问题进行解决	
	014	施工单位进入现场开始施工后,工程管理部现场管理员,根据国家和行业标准、规范及公司的管理制度对施工单位进行管理,并对施工过程中产生的技术和第三方协调问题进行解决。主要负责工程的质量、工程施工的进度、工程成本的控制	
	015	安全管理部安全员定期进行安全巡查,负责工程高危施工过程的安全问题,包括停气、带气碰头施工、施工前管道放散检测、施工人员的安全教育、高危作业的审批等	
	016	监理工程师负责工程的质量,在施工过程中监理工程师需对各工序进行检验,检验合格后施工单位方可进入下一施工工序,对工程质量不合格的监理工程师要监督并督促施工单位进行整改	
	017	施工单位进入现场开始施工后,设计单位技术质量管理员对工程进行全程跟踪管理,并提供相应的技术支持	
	018	工程管理部负责人、现场监理工程师、现场管理员、设计单位技术质量管理员在现场检查发现问题后及时通知施工单位进行整改,施工单位接到整改通知后立即对工程不合格部分进行整改	
	019	工程安装部分完成后,按照国家相关规范对工程进行清扫和压力试验,试验不合格的部分立即进行整改,试验合格后,向监理工程师及现场管理员提交竣工报告	
	020A	施工单位提交竣工报告后,现场管理员与现场监理工程师对工程进行检验。现场管理员与现场监理工程师对检验不合格的部分提出整改要求,令施工单位限期整改。检验完全合格后在竣工报告上签字确认	
	020B		

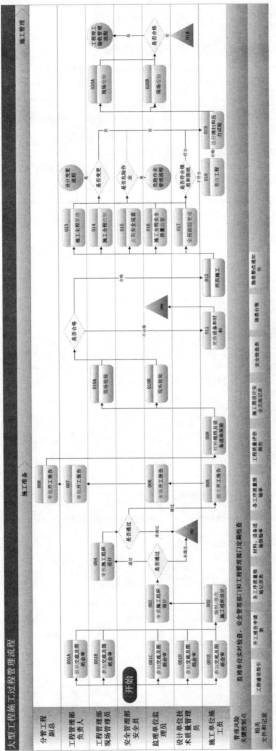

图 5-3　大型工程施工过程管理流程

5.2.5 流程关键绩效指标

大型工程施工过程管理流程关键绩效指标见表5-5。

表 5-5　大型工程施工过程管理流程关键绩效指标

序号	指标名称	指标公式
1	施工监督检查隐患整改率	施工监督检查隐患整改率 = 隐患整改完成数/发现隐患总数×100%
2	安全巡查事故上报率	安全巡查事故上报率 = 事故上报数量/事故发生总数×100%

5.2.6 相关文件

工程建设指引

5.2.7 相关记录

大型工程施工过程管理流程相关记录见表5-6。

表 5-6　大型工程施工过程管理流程相关记录

记录名称	保存责任者	保存场所	归档时间	保存期限	到期处理方式
施工图设计安全交底记录	工程管理员	公司档案室	竣工后	长期	封存
开工报告申请表	工程管理员	公司档案室	竣工后	长期	封存
各工序质量检验记录表	工程管理员	公司档案室	竣工后	长期	封存
材料、设备进场报验单	工程管理员	公司档案室	竣工后	长期	封存
各工序质量报验单	工程管理员	公司档案室	竣工后	长期	封存
工程质量评估报告	工程管理员	公司档案室	竣工后	长期	封存
安全检查表	工程管理员、监理单位	公司档案室	竣工后	长期	封存
隐患整改通知书	工程管理员、监理单位	公司档案室	竣工后	长期	封存
隐患台账	工程管理员、监理单位	公司档案室	竣工后	长期	封存

5.2.8 相关法规

《城镇燃气输配工程施工及验收规范》CJJ 33
《城镇燃气室内工程施工与质量验收规范》CJJ 94
《聚乙烯燃气管道工程技术规程》CJJ 63

5.3 常规工程竣工验收管理流程

5.3.1 常规工程竣工验收管理流程的目的

为了保证工程质量符合规范文件和公司制度要求,按时顺利完成验收和移交,建设合格工程,特制定本流程。

5.3.2 常规工程竣工验收管理流程适用范围

本流程适用于城镇燃气公司工程范围内的民用户及工、商业用户的室内、室外管网竣工验收和市政管网的竣工验收。

5.3.3 相关定义

无。

5.3.4 常规工程竣工验收管理流程及工作标准

常规工程竣工验收管理流程见图 5-4,常规工程竣工验收管理流程说明及工作标准见表 5-7。

表 5-7 常规工程竣工验收管理流程说明及工作标准

阶段	节点	工作执行标准	执行工具
资料验收	001	当工程施工阶段完成后施工单位将工程竣工资料整理装订后交监理单位进行审查	已完工程维护及移交管理制度、工程建设指引
	002	监理单位对施工单位提交的竣工资料进行审查,对不合格的交施工单位令其修改;对合格项目组织初验	
	003	监理单位对工程进行初验,对不合格的交施工单位令其修改;对合格项目出具质量证明书,并将竣工资料交工程管理部施工管理员审核	
	004	竣工资料提交工程管理部后,工程管理部施工管理员应当分别对所负责的竣工资料进行审查,检查资料是否符合要求,如不符合交由施工单位进行修改;无问题的竣工资料进行接收	
	005	接收无问题的竣工资料,并安排监理单位组织复验	

阶段	节点	工作执行标准	执行工具
预验收	006A	工程管理部施工管理员参与工程复验,对项目压力试验、隐蔽工程、路由、竣工用料进行现场审核	《城镇燃气输配工程施工及验收规范》、隐患整改通知
	006B	监理单位组织项目复验,配合施工管理部施工管理员进行相应资料的现场审核	
	007	施工单位对复验不合格的工程应当及时按照要求进行整改,整改完成后再申请监理单位进行检验	
	008	管网运行部对庭院管道路由进行审核;客服服务部对立管、安装名单、设备参数、集中器进行审核;安全管理部根据管网运行部、客服部验收资料审核意见确定验收时间	
工程验收	009A	参与项目竣工验收,对项目整体安装情况进行简要说明	工程质量评估报告、隐患整改通知、验收记录
	009B	组织项目竣工验收交接,配合相关部门进行相应资料的现场审核	
	009C	管网运行部对庭院管道、调压器进行验收;客服部对立管、安装名单、用气设备、集中器进行验收;设计单位对安装路由、材质进行验收,监理单位对现场安装是否违反规范强条进行判定	
	010	对于验收未通过的工程,安全管理部将参与验收部门和单位的意见进行整理并将意见下发施工单位,让其按验收意见进行整改	
	011	对于验收未通过的工程,施工单位按验收意见进行整改	
	012A	对验收未通过的工程,由监理单位检验整改工程	
	012B	对验收未通过的工程,由工程管理部施工管理员对整改工程进行抽检	
	013	管网运行部对庭院管道、调压器存在的隐患进行复验;客服部对立管、安装名单、用气设备、集中器存在的隐患进行复验	
	014	对验收通过的项目,管网运行部、客户服务部、安全管理部进行签字确认,并由管网运行部将整个验收项目路由进行整体置换	

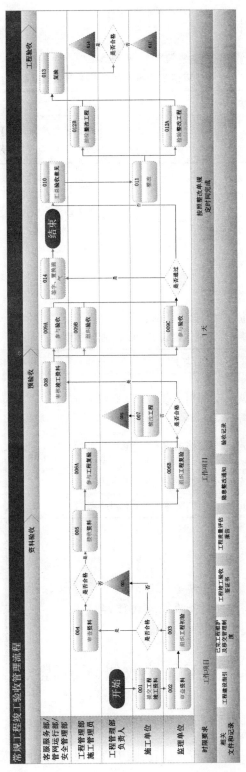

图 5-4 ·常规工程竣工验收管理流程

5.3.5　流程关键绩效指标

常规工程竣工验收管理流程关键绩效指标见表5-8。

表5-8　常规工程竣工验收管理流程关键绩效指标

序号	指标名称	指标公式
1	一次性验收合格率	一次性验收合格率 = 每年一次性验收合格数量/工程验收总数量×100%

5.3.6　相关制度、规范

已完工程维护及移交管理制度

工程建设指引

5.3.7　相关记录

常规工程竣工验收管理流程相关记录见表5-9。

表5-9　常规工程竣工验收管理流程相关记录

记录名称	保存责任者	保存场所	归档时间	保存期限	到期处理方式
工程竣工验收签证书	公司档案管理员	公司档案室	工程竣工后	永久	封存
工程质量评估报告	公司档案管理员	公司档案室	工程竣工后	永久	封存
隐患整改通知	公司档案管理员	公司档案室	工程竣工后	永久	封存
验收记录	公司档案管理员	公司档案室	工程竣工后	永久	封存

5.3.8　相关法规

《城镇燃气输配工程施工及验收规范》CJJ 33

《城镇燃气室内工程施工与质量验收规范》CJJ 94

《聚乙烯燃气管道工程技术规程》CJJ 63

5.4　工程接收管理流程

5.4.1　工程接收管理流程的目的

为了确保工程接收规范、有序进行,提高接收工程质量,使新工程及时纳入正常管理,特制定本流程。

5.4.2 工程接收管理流程适用范围

本流程适用于城镇燃气公司工程管理部对管网运行部进行场站、管网燃气工程相关资料移交。

5.4.3 相关定义

无。

5.4.4 工程接收管理流程及工作标准

工程接收管理流程见图 5-5,工程接收管理流程说明及工作标准见表 5-10。

表 5-10 工程接收管理流程说明及工作标准

阶段	节点	工作执行标准	执行工具
组织接收	001	工程管理部代表接收前联系施工方和管网运行部人员,确定现场接收日期,准备好接收所需车辆、图纸资料、尺子、记录本、照相机等工具	燃气公司输配管理指引
	002	管网运行部接收代表按预先约定时间到达约定地点,进行现场移交	
现场接收	003	管网运行部主管现场查看、核对所需交接的资料是否齐全,资料是否能与现场工艺设备相吻合。现场查看、核对所需交接的管道、工艺设备、附属设施等是否齐全、合格	—
审核	004	工程管理部代表根据发现的问题进行整改,整改完毕后转 001 步骤	燃气公司输配管理指引
	005A	管网运行部负责人确认工程合乎接收标准后,签字确认	
	005B	管网运行部主管确认工程合乎接收标准后,签字确认	
	006	管网运行部接收代表根据现场人员接收情况进行审核	
接收	007	管网运行部接收代表依据运行部门主管审批,填写工程验收移交表	工程验收移交表

5.4.5 流程关键绩效指标

工程接收管理流程关键绩效指标见表 5-11。

表 5-11 工程接收管理流程关键绩效指标

序号	指标名称	指标公式
1	一次性验收合格率	一次性验收合格率 = 每年一次性验收合格数量/工程验收总数量 ×100%
2	工程验收不合格项整改合格率	工程验收不合格项整改合格率 = 已整改问题数量/不合格问题总数 ×100%

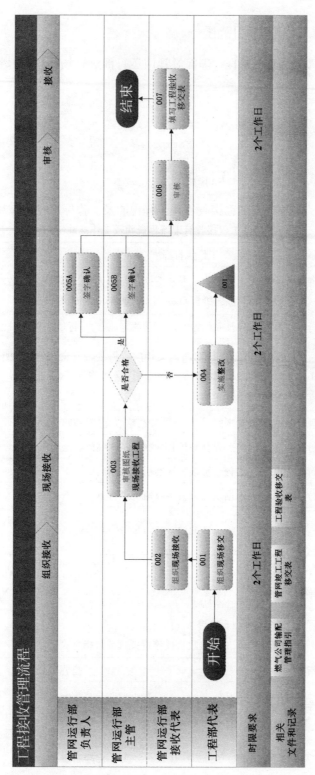

图 5-5　工程接收管理流程

5.4.6 相关文件

燃气公司输配管理指引

5.4.7 相关记录

工程接收管理流程相关记录见表5-12。

表 5-12 工程接收管理流程相关记录

记录名称	保存责任者	保存场所	归档时间	保存期限	到期处理方式
管网竣工工程移交表	公司档案管理员	公司档案室	工程竣工后	永久	—
工程验收移交表	公司档案管理员	公司档案室	工程竣工后	永久	—

5.4.8 相关法规

《城镇燃气输配工程施工及验收规范》CJJ 33
《城镇燃气室内工程施工与质量验收规范》CJJ 94
《聚乙烯燃气管道工程技术规程》CJJ 63
《城镇燃气设计规范》GB 50028

5.5 施工相关方管理流程

5.5.1 施工相关方管理流程的目的

为了加强对工程相关承包商的管理,规范施工行为,促进工程安全、有序、顺利进行,保证工程质量,特制定本流程。

5.5.2 施工相关方管理流程适用范围

本流程适用于城镇燃气公司对燃气工程施工相关方进行管理和考评。

5.5.3 相关定义

无。

5.5.4 施工相关方管理流程及工作标准

施工相关方管理流程见图5-6,施工相关方管理流程说明及工作标准见表5-13。

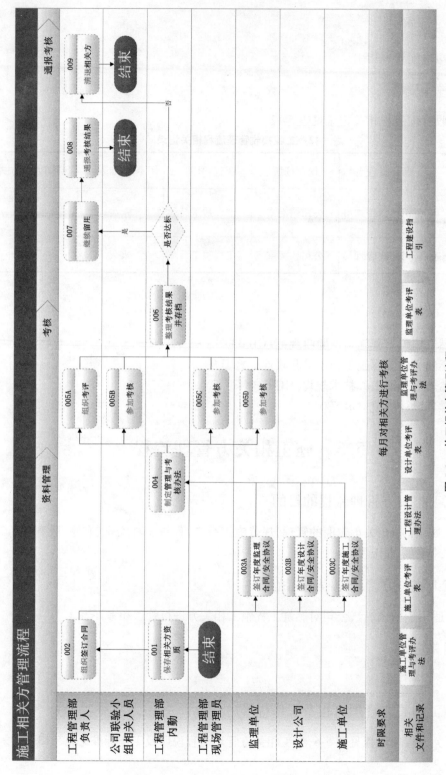

图 5-6 施工相关方管理流程

表 5-13　施工相关方管理流程说明及工作标准

阶段	节点	工作执行标准	执行工具
资料管理	001	工程管理部内勤在招标投标结束后将中标单位的资质进行存档	工程建设指引
	002	工程管理部内勤在招标投标结束后组织中标单位签订年度工程施工合同	
	003A	各招标投标中标单位应积极响应工程管理部组织的年度合同签订,并与公司签订安全协议	
	003B		
	003C		
	004	工程管理部内勤组织制定各中标单位管理与考核办法	
考核	005A	由工程管理部负责人组织每个季度对施工单位、监理单位、设计单位进行考核评分。 工程管理部负责人参与每季度的施工单位、监理单位、设计单位考核,并依据制定的考核办法和标准进行评分	相关方单位(设计、监理、施工等)考核表
	005B	公司联验小组相关人员参与工程管理部组织的每季度施工单位、监理单位、设计单位考核,依据考核办法和标准进行评分	
	005C	工程管理部现场管理员参与工程管理部组织的每季度施工单位、监理单位、设计单位考核,依据考核办法和标准进行评分	
	005D	监理工程师参与工程管理部组织的每季度施工单位考核,依据考核办法和标准进行评分。对监理单位考核时不进行打分	
	006	每季度考核工作完成后由工程管理部内勤对考核的情况进行整理汇总,并将考核的评分记录进行存档	
通报考核	007	考核评分完成后,每年度,工程管理部负责人综合 4 个季度考核评分判断各中标单位是否达标,对达标的相关方进行鼓励留用	工程建设指引
	008	考核工作完成后,在监理例会上通报本次考核情况,对考核通过的施工单位提出问题要求其进行整改	
	009	考核评分完成后,每年度,工程管理部负责人综合 4 个季度考核评分判断各中标单位是否达标,对不达标的相关方进行清退	

5.5.5　流程关键绩效指标说明

施工相关方管理流程关键绩效指标见表 5-14。

表 5-14　施工相关方管理流程关键绩效指标

序号	指标名称	指标公式
01	一次性验收合格率	一次性验收合格率＝每年一次性验收合格 数量/工程验收总数量×100%

5.5.6　相关文件

工程建设指引
工程设计管理办法
施工单位管理与考评办法
监理单位管理与考评办法

5.5.7　相关记录

施工相关方管理流程相关记录见表 5-15。

表 5-15　施工相关方管理流程相关记录

记录名称	保存责任者	保存场所	归档时间	保存期限	到期处理方式
施工单位考评表	工程管理部记录 保管员	工程管理部	考核结束	3 年	封存
监理单位考评表	工程管理部记录 保管员	工程管理部	考核结束	3 年	封存
设计单位考评表	工程管理部记录 保管员	工程管理部	考核结束	3 年	封存

5.5.8　相关法规

《城镇燃气输配工程施工及验收规范》CJJ 33
《城镇燃气室内工程施工与质量验收规范》CJJ 94
《聚乙烯燃气管道工程技术规程》CJJ 63
《城镇燃气设计规范》GB 50028
《建设工程监理规范》GB/T 50319

第6章 管网运行管理

管网运行管理包括管线巡查管理、违章占压管理、第三方施工监护管理、管线防腐层检测管理、管网附属设施维护管理、管网拆改迁管理、停气复供作业管理、管网隐患整改管理、SCADA 系统应用等业务,见图 6-1,这些业务都是燃气供应业务的重点和难点,是燃气供应企业安全管理的关键。场站就像燃气企业的心脏,管线就像血管,运行管理就是确保每一个环节都不能出现问题,确保安全、高效的燃气供应。

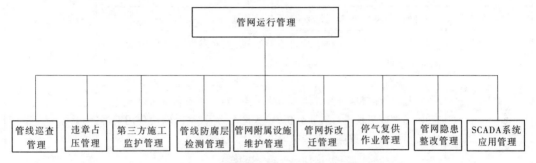

图 6-1 管网运行管理流程设计说明

各个流程的管控风险点如下所述。

(1)管线巡查管理:巡检线路的确定、特殊地段及设施的检查、发现问题的处理。

(2)违章占压管理:违章主体责任的确认、协调解决问题、现场监督解决。

(3)第三方施工监护管理:安全确认的办理、安全和技术交底、现场监护。

(4)管线防腐层检测管理:问题的识别、现场修复。

(5)管网及附属设施维护管理:施工方协助维护、现场监护。

(6)管网拆改迁管理:拆改迁方案的确定、施工。

(7)停气复供作业管理:停气范围及时间确认、停气告知、停复气过程监督。

(8)管网隐患整改管理:整改条件的确认。

(9)SCADA 系统应用管理:异常的及时响应、异常情况的判断。

6.1 管线巡查管理流程

6.1.1 管线巡查管理流程的目的

为了科学制订巡线计划,规范日常巡查管理作业,明确各方职责,消除燃气管网中存在的隐患,降低管网运行风险,确保安全生产,特制定本流程。

6.1.2 管线巡查管理流程适用范围

本流程适用于城镇燃气公司内管线及其附属设施的维护、巡查工作。

6.1.3 相关定义

无。

6.1.4 管线巡查管理流程及工作标准

管线巡查管理流程见图6-2,管线巡查管理流程说明及工作标准见表6-1。

表6-1 管线巡查管理流程说明及工作标准

阶段	节点	工作执行标准	执行工具
审批	001	巡线班组长制定巡查路线	巡线作业指导书
	002	管网运行部巡线主管对巡查路线进行审核	
	003	管网运行部负责人对巡查路线进行审批	
	004	快速巡线主要负责对市政管道的巡视,主要发现燃气管道安全控制范围内的第三方施工,防止第三方施工带来燃气管道破坏。巡线人员主要对燃气管线进行沿线查漏巡视检查,目的是巡查管线及其附属设施的漏气情况及其他不安全因素。对于发现含有可燃气体的窨井,由巡线班长进行气质分析,确认是否为天然气,以便公司安排处理。巡线人员重点巡查特殊地段及附属设施	
	005	巡线人员重点巡查特殊地段及附属设施	
协调处理	006	巡线人员发现隐患及时安全告知、协调、监护,如处理不了及时逐级上报协调处理	—
记录	007	巡查记录妥善归档保存	管线巡线记录

6.1.5 流程关键绩效指标

管线巡查管理流程关键绩效指标见表6-2。

表6-2 管线巡查管理流程关键绩效指标

序号	指标名称	指标公式
1	百公里燃气管道第三方破坏指数(起/百公里)	百公里燃气管道第二方破坏指数 = 第三方破坏总起数×100公里/管网总长度
2	百公里泄漏起数	百公里泄漏起数 = 泄漏总起数×100公里/管网总长度
3	管网泄漏自查率	泄漏自查率 = 管网泄漏自查起数/管网泄漏起数×100%

6.1.6 相关文件

燃气管线巡查维护管理办法

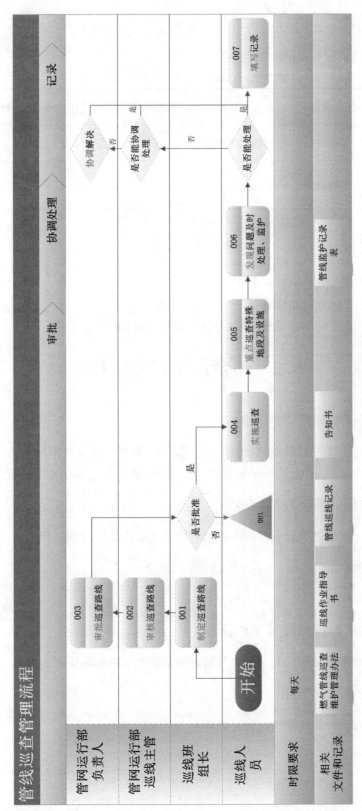

图 6-2 管线巡查管理流程

6.1.7 相关记录

管线巡查管理流程相关记录见表 6-3。

表 6-3 管线巡查管理流程相关记录

记录名称	保存责任者	保存场所	归档时间	保存期限	到期处理方式
管线巡线记录	巡线班长	巡线班组	每月	3 年	销毁
管线监护记录表	巡线班长	巡线班组	每月	3 年	销毁

6.1.8 相关法规

《城镇燃气管理条例》
《城镇燃气技术规范》GB 50494
《城镇燃气设施运行、维护和抢修安全技术规程》CJJ 51

6.2 违章占压管理流程

6.2.1 违章占压管理流程的目的

为了梳理违章占压管理难点,明确各方管理职责,便于有效解决违章占压问题,更好地处理管线上的安全隐患,防止各类安全事故发生,保障安全供气,特制定本流程。

6.2.2 违章占压管理流程适用范围

本流程适用于城镇燃气公司范围内沿途管线被违章占压情况的处理。

6.2.3 相关定义

无。

6.2.4 违章占压管理流程及工作标准

违章占压管理流程见图 6-3,违章占压管理流程说明及工作标准见表 6-4。

6.2.5 流程关键绩效指标

违章占压管理流程关键绩效指标见表 6-5。

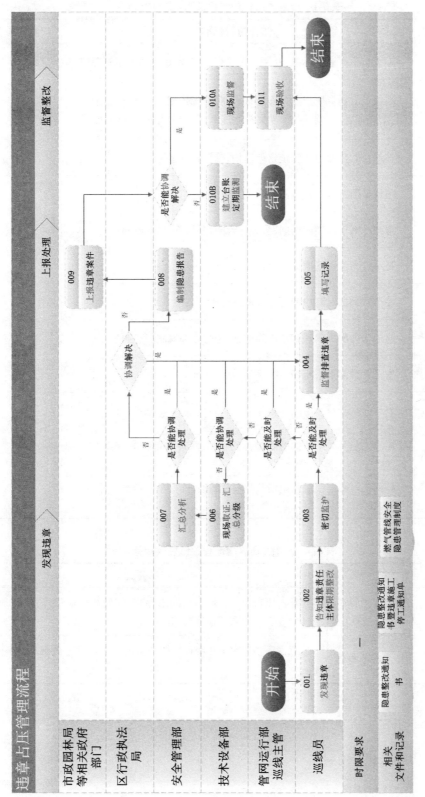

违章占压管理流程

违章占压管理流程	发现违章	上报处理	监督整改

市政园林局等相关政府部门

区行政执法局

安全管理部

技术设备部

管网运行部巡线班主管

巡线员

开始 → 001 发现违章 → 002 告知违章责任主体限期整改 → 003 密切监护 → 是否能及时处理 — 是 → 004 监督排查违章 → 005 填写记录

是否能及时处理 — 是 → 004

是否能及时处理 — 否

是否能协调处理 — 是 → 协调解决

是否能协调处理 — 否 → 006 现场取证、汇总分级

007 汇总分析 → 是否能协调处理 — 是 → 协调解决

协调解决 — 否 → 008 编制隐患报告 → 009 上报违章案件 → 是否能协调解决

是否能协调解决 — 否 → 010B 建立台账定期监测 → 结束

是否能协调解决 — 是 → 010A 现场监督 → 011 现场验收 → 结束

时限要求		一	

相关文件和记录：隐患整改通知书　隐患整改通知书暨违章施工停工通知单　燃气管线安全隐患管理制度

图 6-3　违章占压管理流程

表 6-4　违章占压管理流程说明及工作标准

阶段	节点	工作执行标准	执行工具
发现违章	001	巡线员根据巡查标准,开展日常巡查工作,发现违章占压施工迹象	—
	002	巡线员对违章用户发放安全宣传,明确告知相关法律法规、管道位置、潜在危害,协调、阻挡、劝其拆除违章,并告知责任主体限期整改	
	003	巡线员对违章占压管道密切监护,确保日常运行安全	
上报处理	004	巡线员监督排查整改的违章占压情况	—
	005	巡线员对于已整改的问题,做好台账记录,并更新隐患台账	
	006	技术设备部现场取证,进行分级汇总	
	007	安全管理部对隐患问题进行汇总分析	
	008	对于未能解决的违章占压隐患,安全管理部编制隐患报告	
	009	安全管理部上报至相关政府部门	
监督整改	010A	对于能够开展整改的疑难违章占压问题,技术设备部现场监督	—
	010B	对于未能及时解决的疑难隐患问题,技术设备部建立定期监测台账	
	011	管网运行部巡线主管现场验收整改问题,确保整改符合要求,并做好记录	

表 6-5　违章占压管理流程关键绩效指标

序号	指标名称	指标公式
1	违章占压指数(处/百公里)	违章占压指数 = 违章占压期末存有数/期初埋地管总长度(通常指统计年度上一年末埋地管网总长度)
2	违章占压整改率	违章占压整改率 = 在统计周期内管网违章占压整改数/管网违章占压数 × 100%

6.2.6　相关文件

燃气管线安全隐患管理制度

6.2.7 相关记录

违章占压管理流程相关记录见表6-6。

表6-6 违章占压管理流程相关记录

记录名称	保存责任者	保存场所	归档时间	保存期限	到期处理方式
隐患整改通知书暨违章施工停工通知单	巡线主管	巡线班组	每月	3年	销毁
隐患整改通知书	巡线主管	巡线班组	每月	3年	销毁

6.2.8 相关法规

《城镇燃气管理条例》
《城镇燃气技术规范》GB 50494
《城镇燃气设施运行、维护和抢修安全技术规程》CJJ 51
《城镇燃气标志标准》CJJ/T 153

6.3 第三方施工监护管理流程

6.3.1 第三方施工监护管理流程的目的

为了防止单位或个人在燃气管道附近施工时危及燃气管道安全运行或造成与燃气管道安全间距不足,有效预防安全事故的发生,确保燃气管网安全、连续、平稳运行,特制定本流程。

6.3.2 第三方施工监护管理流程适用范围

本流程适用于城镇燃气公司内燃气管线及其附属设施范围内的第三方施工监护工作。

6.3.3 相关定义

无。

6.3.4 第三方施工监护管理流程及工作标准

第三方施工监护管理流程见图6-4,第三方施工监护管理流程说明及工作标准见表6-7。

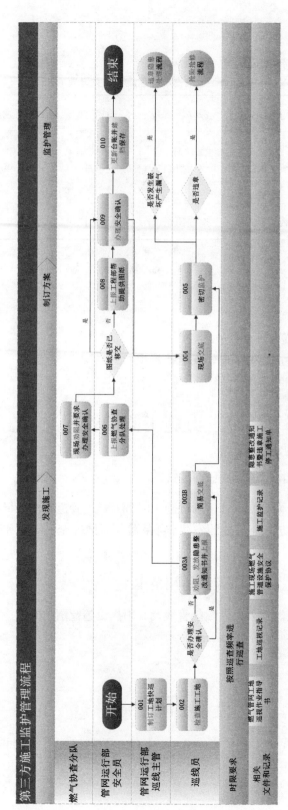

图 6-4　第三方施工监护管理流程

表 6-7　第三方施工监护管理流程说明及工作标准

阶段	节点	工作执行标准	执行工具
发现施工	001	管网运行部巡线主管为工地巡线员制订快巡计划	隐患整改通知书暨违章施工停工通知单
	002	工地巡线员按计划巡视,对施工工地进行检查	
	003A	对于未办理安全确认的工地,巡线员对其劝阻,发放隐患整改通知书暨违章施工停工通知单,并上报安技科	
	003B	对于已办理安全确认的工地,或劝阻之后的工地,巡线员需对其进行简单的交底,根据手上现有资料对施工方讲明管道位置	
制订方案	004	对于办理完安全确认的工地,由巡线员带齐资料到现场和施工方进行正式交底并签订现场交底备忘记录表	工地巡视记录
	005	巡线员对施工方的作业进行密切监护,确保管线安全	
	006	管网运行部安全员将巡线员上报至安技科的工地隐患单上报至燃气协查分队	
	007	燃气协查分队成员到现场对施工方进行劝阻,劝导相关建设施工方到我司办理安全确认	
	008	如办理安全确认时图纸未移交至管网运行部,则上报工程部帮忙提供图纸	
监护管理	009	管网运行部安全员为施工方办理安全确认,为其提供施工区域的管线图,并交由巡线员	施工监护
	010	办理完安全确认后,结合巡线员发回的移交反馈,一并建档保存	

6.3.5　流程关键绩效指标

第三方施工监护管理流程关键绩效指标见表6-8。

表 6-8　第三方施工监护管理流程关键绩效指标

序号	指标名称	指标公式
1	百公里燃气管道第三方破坏指数（起/百公里）	百公里燃气管道第三方破坏指数 = 燃气管道第三方破坏总起数×100 公里/管网总长度

6.3.6　相关文件

燃气管网工地巡视作业指导书

6.3.7　相关记录

第三方施工监护管理流程相关记录见表6-9。

表 6-9　第三方施工监护管理流程相关记录

记录名称	保存责任者	保存场所	归档时间	保存期限	到期处理方式
施工现场燃气管道设施安全保护协议	巡线班组主管	巡线班组	每月	3 年	销毁
施工监护记录	巡线班组主管	巡线班组	每月	3 年	销毁
隐患整改通知书暨违章施工停工通知单	巡线班组主管	巡线班组	每月	3 年	销毁
工地巡视记录	巡线班组主管	巡线班组	每月	3 年	销毁

6.3.8　相关法规

《城镇燃气管理条例》
《城镇燃气技术规范》GB 50494
《埋地钢质管道聚乙烯防腐层》GB/T 23257
《施工现场临时用电安全技术规范》JGJ 46
《城镇燃气设施运行、维护和抢修安全技术规程》CJJ 51
《城镇燃气标志标准》CJJ/T 153

6.4　管线防腐层检测管理流程

6.4.1　管线防腐层检测管理流程的目的

为了规范在役燃气管网检测工作,提升燃气管网检测质量,消除安全隐患,有效预防安全事故的发生,确保燃气管网安全、连续、平稳运行,特制定本流程。

6.4.2　管线防腐层检测管理流程适用范围

本流程适用于城镇燃气公司埋地钢管的防腐层检测维护工作。

6.4.3　相关定义

管线防腐层检测:使用防腐层检测仪器,对埋地钢管的外防腐层进行检测,以评估管道防腐层完好程度。

6.4.4　管线防腐层检测管理流程及工作标准

管线防腐层检测管理流程见图 6-5,管线防腐层检测管理流程说明及工作标准见表 6-10。

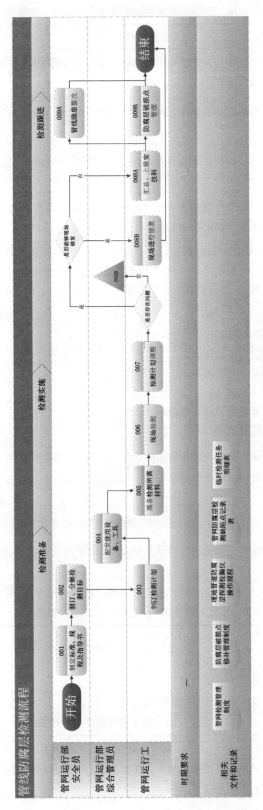

图 6-5　管线防腐层检测管理流程

表 6-10 管线防腐层检测管理流程说明及工作标准

阶段	节点	工作执行标准	执行工具
检测准备	001	管网运行部安全员起草制定并更新完善内部管理标准、技术标准、操作规程及作业指导书	—
	002	管网运行部安全员制定、分解燃气管网检测目标任务量,并跟进考核	
	003	管网运行工根据年度目标任务量及公司相关要求,制订合理的检测计划(季度、月度计划),并根据实际情况进行调整	
	004	管网运行部综合管理员购置、配发检测设备、检测所用耗材,并协调综合科配发劳动防护用品	
检测实施	005	实施检测工作前,管网运行工应检查设备状态,确认设备电量充足、运行良好,根据计划,向档案管理人员借阅所需图纸资料,检查图纸资料完整性,提前检查所需工具等	—
	006	现场检测以下方面: 1. 核查图档资料; 2. 管理防腐层破损点; 3. 安装及补充警示标志; 4. 查处违章占压; 5. 确定复杂施工现场管位; 6. 其他隐患排查	
	007	根据实际完成情况进行检测计划(季度、月度计划)调整	
检测跟进	008A	对检查发现管网违章,现场无法处理隐患等汇总上报安技科进行处理	—
	008B	管网运行部运行工对现场能进行修复的管网隐患现场进行修复	
	009A	管网运行部安全员对检测班上报的管线隐患进行确认并协调相关单位整改	
	009B	每月 28 日之前,检测班汇总当月防腐层破损点检查记录,整理防腐层破损点检表,交工程科技术员组织施工单位及时修补	

6.4.5 流程关键绩效指标

管线防腐层检测管理流程关键绩效指标见表 6-11。

表 6-11 管线防腐层检测管理流程关键绩效指标

序号	指标名称	指标公式
1	埋地钢管百公里泄漏起数	埋地钢管百公里泄漏起数 = 埋地钢管泄漏总起数 × 100 公里/埋地钢管总长度

6.4.6　相关文件

管网检漏管理制度

6.4.7　相关记录

管线防腐层检测管理流程相关记录见表6-12。

表6-12　管线防腐层检测管理流程相关记录

记录名称	保存责任者	保存场所	归档时间	保存期限	到期处理方式
管网防腐层检测缺陷点记录表	巡线班组主管	巡线班组	每年3月前整理上年度资料	3年	销毁

6.4.8　相关法规

《城镇燃气管理条例》
《城镇燃气技术规范》GB 50494
《埋地钢质管道聚乙烯防腐层》GB/T 23257
《埋地钢质管道阴极保护技术规范》GB/T 21448
《城镇燃气设施运行、维护和抢修安全技术规程》CJJ 51
《城镇燃气管网泄漏检测技术规程》CJJ/T 215

6.5　管网及附属设施维护管理流程

6.5.1　管网及附属设施维护管理流程的目的

为了规范管网附属设施维护作业流程,确保管网附属设施维护作业安全实施,维护质量符合国家规范、行业标准,特制定本流程。

6.5.2　管网及附属设施维护管理流程适用范围

本流程适用于城镇燃气公司户外燃气管网及附属设施的维护工作。

6.5.3　相关定义

无。

6.5.4　管网及附属设施维护管理流程及工作标准

管网及附属设施维护管理流程见图6-6,管网及附属设施维护管理流程说明及工作标准见表6-13。

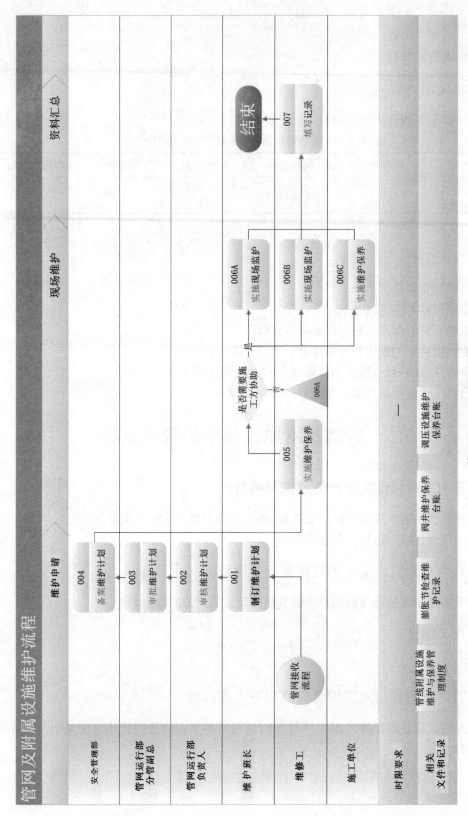

图 6-6　管网及附属设施维护管理流程

表 6-13 管网及附属设施维护管理流程说明及工作标准

阶段	节点	工作执行标准	执行工具
维护申请	001	维护班长收集掌握设施日常工作状况基础信息,根据设施日常工作状况及周期性维护需求拟订设施维护计划及编写维护维修计划,并明确是否已超过部门维护维修能力需要外包实施	管线附属设施维护与保养管理制度
	002	管网运行部负责人对维护计划进行审核	
	003	管网运行部分管副总对维护计划进行审批	
	004	安全管理部对维护计划进行备案	
现场维护	005	维修工按照维护计划对设施进行维护保养工作,在实施过程中,判断是否需要施工方协助,如果不需要协助,整改完毕后,更新维护保养台账	调压设施维护保养台账
	006A	对需要施工方协助进行维护保养的,要进行现场安全监护及维护内容的审核,对维护后无法达到标准要求的重新进行审核	
	006B	对需要施工方协助进行维护保养的,要进行现场安全监护及维护内容的审核,对维护后无法达到标准的要求重新进行审核	
	006C	需要第三方施工单位进行维护保养的,施工单位进行实施维护保养	
资料汇总	007	维修工对设备进行维护保养后,更新维护相应的维护保养台账	—

6.5.5 流程关键绩效指标

管网及附属设施维护管理流程关键绩效指标见表6-14。

表 6-14 管网及附属设施维护管理流程关键绩效指标

序号	指标名称	指标公式
1	百公里泄漏起数	百公里泄漏起数 = 泄漏总起数×100 公里/管网总长度

6.5.6 相关文件

管线附属设施维护与保养管理制度

6.5.7 相关记录

管网及附属设施维护管理流程相关记录见表6-15。

表 6-15　管网及附属设施维护管理流程相关记录

记录名称	保存责任者	保存场所	归档时间	保存期限	到期处理方式
调压设施维护保养台账	管网维修主管	管网维修主管	每月	3 年	销毁
阀井维护保养台账	管网维修主管	管网维修主管	每年	3 年	销毁
膨胀节检查维护记录	管网维修主管	管网维修主管	每年	3 年	销毁

6.5.8　相关法规

《城镇燃气管理条例》
《特种设备质量监督与安全监察规定》
《城镇燃气技术规范》GB 50494
《埋地钢质管道聚乙烯防腐层》GB/T 23257
《埋地钢质管道阴极保护技术规范》GB/T 21448
《城镇燃气设施运行、维护和抢修安全技术规程》CJJ 51
《城镇燃气管网泄漏检测技术规程》CJJ/T 215

6.6　管网拆改迁管理流程

6.6.1　管网拆改迁管理流程的目的

为了明确拆改迁工作中各部门的职责,对拆改迁工作过程进行控制,确保拆改迁工作的质量、进度符合要求,满足用户需求,特制定本流程。

6.6.2　管网拆改迁管理流程适用范围

本流程适用于城镇燃气公司范围内燃气管道拆除、改造、迁移的管理。

6.6.3　相关定义

管网拆改迁:对燃气管道进行拆除、改造、迁移的作业。

6.6.4　管网拆改迁管理流程及工作标准

管网拆改迁管理流程见图 6-7,管网拆改迁管理流程说明及工作标准见表 6-16。

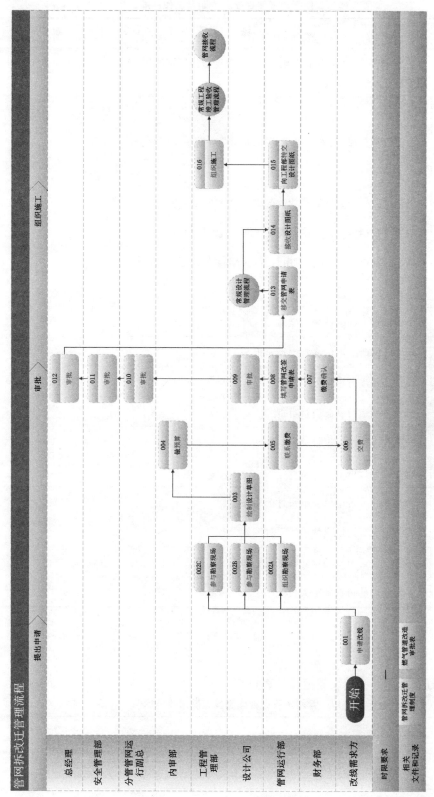

图 6-7　管网拆改迁管理流程

表 6-16 管网拆改迁管理流程说明及工作标准

阶段	节点	工作执行标准	执行工具
提出申请	001	由用户、客户服务部和管网运行部等改迁部门申请改迁和改造,并组织签订改线申请表	改线申请表
审批	002A		—
	002B	由管网运行部、工程管理部、设计公司共同勘察现场	
	002C		
	003	由设计公司根据现场管线情况绘制管线拆改草图	
	004	内审部根据设计公司绘制的施工图,做改迁预算	
	005	做出核算以后,如需交费由管网运行部通知改迁部门进行交费	
	006	申请改线部门进行交费	
	007	由计划财务部确认是否缴费	
	008	填写管网改线申请表并进行审批	
	009	设计公司进行审批	
	010	分管管网运行副总进行审批	
	011	安全管理部进行审批	
	012	总经理进行审批	
组织施工	013	移交管网改线申请表给设计公司	—
	014	接收设计公司给出的改线设计图纸	
	015	将设计公司出具的设计图纸及管网改线申请表转交给工程管理部	
	016	工程管理部组织施工人员施工	

6.6.5 流程关键绩效指标

管网拆改迁管理流程关键绩效指标见表 6-17。

表 6-17 管网拆改迁管理流程关键绩效指标

序号	指标名称	指标公式
1	无	—

6.6.6 相关文件

管网拆改迁管理制度

6.6.7 相关记录

管网拆改迁管理流程相关记录见表6-18。

表6-18 管网拆改迁管理流程相关记录

记录名称	保存责任者	保存场所	归档时间	保存期限	到期处理方式
燃气管道 改造审批表	管网部内勤	管网运行部	1周	2年	封存

6.6.8 相关法规

《城镇燃气管理条例》
《城镇燃气技术规范》GB 50494
《城镇燃气设施运行、维护和抢修安全技术规程》CJJ 51
《城镇燃气输配工程施工及验收规范》CJJ 33

6.7 停气复供作业管理流程

6.7.1 停气复供作业管理流程的目的

为了提高城镇燃气公司对市区天然气管网及设施的计划停气复供气作业规范管理,降低安全风险,特制定本流程。

6.7.2 停气复供作业管理流程适用范围

本流程适用于市区天然气管网及设施的计划性停气作业及作业完成后的恢复供气。

6.7.3 相关定义

无。

6.7.4 停气复供作业管理流程及工作标准

停气复供作业管理流程见图6-8,停气复供作业管理流程说明及工作标准见表6-19。

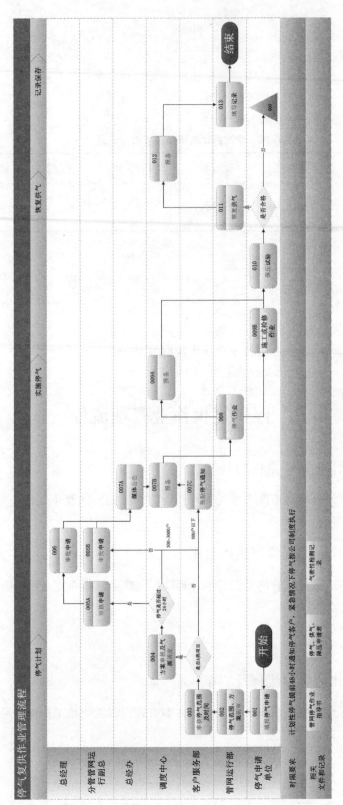

图 6-8 停气复供气作业管理流程

表 6-19　停气复供作业管理流程说明及工作标准

阶段	节点	工作执行标准	执行工具
停气计划	001	停气施工部门填报停气及复供作业流转审批单,制订停气作业方案,初步划定停气范围	—
	002	管网运行部审核作业方案,并对停气范围进行审核	
	003	客户服务部审核确定停气影响用户数量及停气时间	
	004	调度中心负责判断受影响用户是否为 A 类项目,用户数是否为 500～3 000 户时,审批施工方案停气时间是否超过 24 小时,并对气源及及压力进行调度	
实施停气	005A	分管管网运行副总审核超过 24 小时的停气申请	—
	005B	分管管网运行副总审批不超过 24 小时的停气申请	
	006	总经理审批超过 24 小时的停气申请	
	007A	总经办负责人联系媒体公告	
	007B	调度中心报备停气范围及方案	
	007C	受影响用户少于 500 户且不含重点工商业用户时,张贴停气通知,告知受影响用户	
	008	管网运行部实施停气作业	
	009A	调度中心对实施停气作业的地点、范围等信息进行报备	
恢复供气	009B	停气施工部门进行施工或检修作业	—
	010	对施工或检修的管线进行保压试验	
	011	管网运行部报备调度中心,并开启复供阀门及设施,恢复供气	
记录保存	012	调度中心对恢复供气时间范围等信息进行报备	
	013	管网运行部恢复供气后填写相关停气复供相关表单记录	

6.7.5　流程关键绩效指标

停气复供作业管理流程关键绩效指标见表 6-20。

表 6-20　停气复供作业管理流程关键绩效指标

序号	指标名称	指标公式
1	复供气及时率	复供气及时率 = 及时安全复供气次数/停气复供次数×100%

6.7.6　相关文件

管网停气作业指导书

6.7.7　相关记录

停气复供作业管理流程相关记录见表6-21。

表6-21　停气复供作业管理流程相关记录

记录名称	保存责任者	保存场所	归档时间	保存期限	到期处理方式
停气、供气、降压申请表	巡线班组主管	巡线班组	恢复供气完毕	3 年	销毁
气密性检测记录	管网维修主管	档案室	恢复供气完毕	3 年	销毁

6.7.8　相关法规

《城镇燃气管理条例》
《城镇燃气技术规范》GB 50494
《城镇燃气设施运行、维护和抢修安全技术规程》CJJ 51
《城镇燃气管网泄漏检测技术规程》CJJ/T 215

6.8　管网隐患整改管理流程

6.8.1　管网隐患整改管理流程的目的

为了及时消除公司管网中存在的安全隐患,确保管网的安全有效运行,杜绝管网安全事故的发生,为公司的安全生产运营提供有力保障,特制定本流程。

6.8.2　管网隐患整改管理流程适用范围

本流程适用于户外立管阀门以下(含阀门)燃气管线及附属设施隐患的整改工作。

6.8.3　相关定义

无。

6.8.4　管网隐患整改管理流程及工作标准

管网隐患整改管理流程见图6-9,管网隐患整改管理流程说明及工作标准见表6-22。

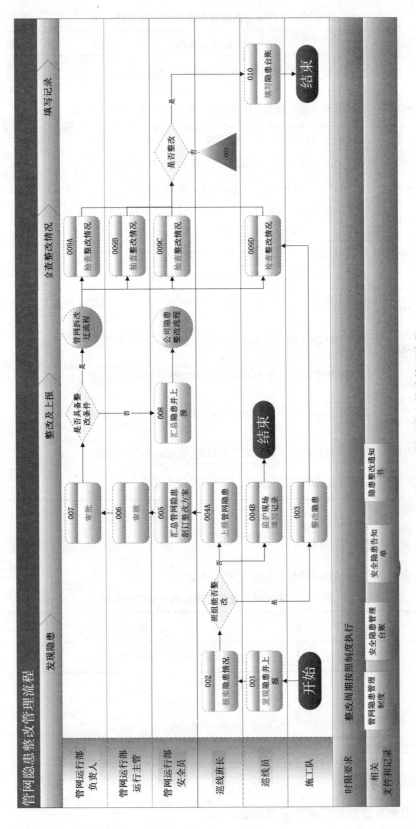

图 6-9　管网隐患整改管理流程

表 6-22　管网隐患整改管理流程说明及工作标准

阶段	节点	工作执行标准	执行工具
发现隐患	001	巡线员安全巡查过程中发现管网隐患,上报给巡线班长	隐患记录单
	002	巡线班长核实巡线员上报的隐患,确定本部门能否进行整改	
整改及上报	003	施工队按照巡线班要求进行整改	管网隐患管理制度
	004A	对于班组不能够整改的隐患,巡线班长及时汇总上报	
	004B	对于班组不能够整改的隐患,巡线员做好监护及记录填写工作	
	005	对于班组不能整改的隐患,管网运行部安全员及时汇总,并制订方案	
	006	管网运行部运行主管对隐患整改方案进行审核	
	007	管网运行部负责人对隐患整改方案进行审批	
	008	管网运行部安全员汇总本部门不能整改的安全隐患及时反馈并上报	
检查整改情况	009A	管网运行部负责人对整改完毕的隐患进行抽查,确定是否真正整改	—
	009B	管网运行部运行主管对整改完毕的隐患进行抽查,确定是否真正整改	
	009C	管网运行部安全员对整改完毕的隐患进行抽查,确定是否真正整改	
	009D	巡线员对整改完毕的隐患进行检查,确定是否真正整改	
填写记录	010	巡线员对整改完毕的隐患,及时填写台账记录	安全隐患管理台账

6.8.5　流程关键绩效指标

管网隐患整改管理流程关键绩效指标见表 6-23。

表 6-23　管网隐患整改管理流程关键绩效指标

序号	指标名称	指标公式
1	管网隐患整改率	管网隐患整改率 = 完成管网隐患整改数量/管网隐患总数 × 100%

6.8.6　相关文件

管网隐患管理制度

6.8.7　相关记录

管网隐患整改管理流程相关记录见表 6-24。

表 6-24　管网隐患整改管理流程相关记录

记录名称	保存责任者	保存场所	归档时间	保存期限	到期处理方式
安全隐患告知单	巡线主管	巡线班组	每月	3 年	销毁
隐患整改通知书	巡线主管	巡线班组	每月	3 年	销毁
安全隐患 管理台账	巡线主管	巡线班组	每月	3 年	销毁

6.8.8　相关法规

《城镇燃气管理条例》
《城镇燃气技术规范》GB 50494
《埋地钢质管道聚乙烯防腐层》GB/T 23257
《埋地钢质管道阴极保护技术规范》GB/T 21448
《城镇燃气设施运行、维护和抢修安全技术规程》CJJ 51
《城镇燃气管网泄漏检测技术规程》CJJ/T 215
《城镇燃气输配工程施工及验收规范》CJJ 33

6.9　SCADA 系统应用管理流程

6.9.1　SCADA 系统应用管理流程的目的

为了规范 SCADA 系统应用管理作业流程,加强对 SCADA 系统监控管理力度,排查管网系统运行异常情况,保证管网系统正常供气,特制定本流程。

6.9.2　SCADA 系统应用管理流程适用范围

本流程适用于城镇燃气公司 SCADA 系统的使用管理。

6.9.3　相关定义

SCADA 系统:数据采集与监视控制系统。

6.9.4　SCADA 系统应用管理流程及工作标准

SCADA 系统应用管理流程见图 6-10,SCADA 系统应用管理流程说明及工作标准见表 6-25。

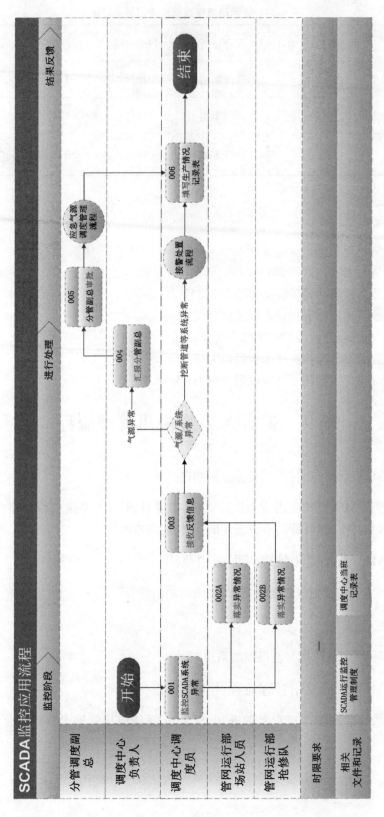

图 6-10　SCADA 系统应用管理流程

表 6-25 SCADA 监控应用管理流程说明及工作标准

阶段	节点	工作执行标准	执行工具
监控阶段	001	调度中心调度员监控 SCADA 系统出现异常情况	日常运行记录表
进行处理	002A	管网运行部场站人员和抢修队落实异常情况	异常反馈记录表
	002B		
	003	调度中心调度员收集并记录反馈的异常信息	
	004	调度中心负责人向公司分管调度副总上报异常情况	
结果反馈	005	分管调度副总审批是否同意启动应急气源管理流程	处置情况记录表
	006	调度中心调度员对调度系统异常及处置情况进行记录	

6.9.5 流程关键绩效指标

SCADA 系统应用管理流程关键绩效指标见表 6-26。

表 6-26 SCADA 系统应用管理流程关键绩效指标

序号	指标名称	指标公式
1	异常信息上报及时率	异常信息上报及时率 = 及时上报异常信息数量/异常信息总数 × 100%

6.9.6 相关文件

SCADA 运行监控管理制度

6.9.7 相关记录

SCADA 系统应用管理流程相关记录见表 6-27。

表 6-27 SCADA 系统应用管理流程相关记录

记录名称	保存责任者	保存场所	归档时间	保存期限	到期处理方式
调度中心当班记录表	调度中心调度员	调度中心	1 周	3 年	销毁

6.9.8 相关法规

《城镇燃气管理条例》

《城镇燃气技术规范》GB 50494

《城镇燃气设施运行、维护和抢修安全技术规程》CJJ 51

《城镇燃气报警控制系统技术规程》CJJ/T 146

第7章 场站安全管理

场站安全管理因其类型不同、设备不同、介质不同,管理要求差异较大,本章仅挑选了中小燃气企业涉及较多,也是问题较多的环节给出具体流程,具体为:场站巡检、加气站加气作业、钢瓶充装作业、场站设备维护和场站外来施工管理,如图7-1所示。利用流程管理工具,将各项管控措施标准化,明确各岗位人员的安全管理职责,以确保管控措施的落地执行。

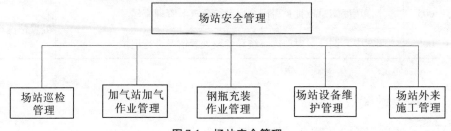

图7-1 场站安全管理

各个流程的管控风险点如下所述。

(1)场站巡检管理:巡检线路的确定、储气设备的检查、发现问题的处理。

(2)加气站加气作业管理:充气条件的确认、充装后的确认。

(3)钢瓶充装作业管理:空瓶检查、查漏、封口、储存。

(4)场站设备维护管理:计划的制订及分解、维护的实施。

(5)场站外来施工管理:进厂前条件的确认、特种作业、责任书、安全和技术交底、现场监督施工、作业后的安全确认。

7.1 场站巡检管理流程

7.1.1 场站巡检管理流程的目的

为了规范对站区的生产情况、工艺设备进行巡回检查,确保能及时发现生产中存在的问题,并尽快得到处理,保障站区安全生产,确保安全平稳供气,特制定本流程。

7.1.2 场站巡检管理流程适用范围

本流程适用于城镇燃气公司场站安全巡查。

7.1.3 相关定义

无。

7.1.4 场站巡检管理流程及工作标准

场站巡检管理流程见图7-2,场站巡检管理流程说明及工作标准见表7-1。

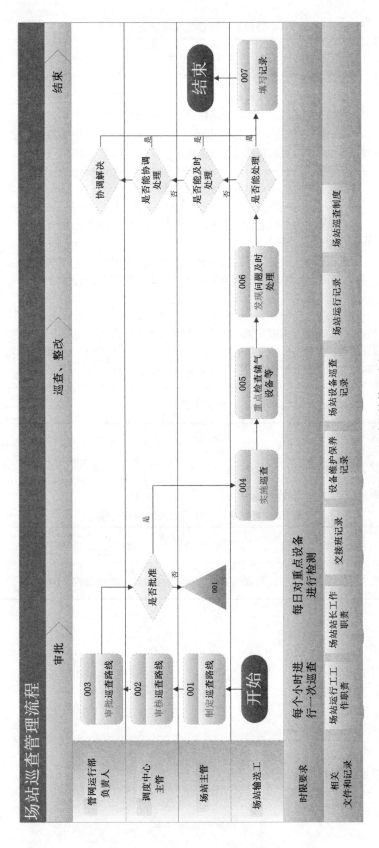

图 7-2 场站巡检管理流程

表 7-1　场站巡检管理流程说明及工作标准

阶段	节点	工作执行标准	执行工具
审批	001	根据场站生产工艺布置和相关方要求,结合部门实际情况,场站班组长先期制定场站工艺区巡查路线,并上报调度中心主管审核	—
	002	调度中心主管对巡查路线进行审核	
	003	管网运行部负责人对巡查路线进行审批	
巡查、整改	004	各班运行工每小时手持工具按巡查路线对检查点逐项实施巡查	场站设备巡查记录
	005	重点检查输气设备、阀门、管网、仪器、仪表是否工作正常,要做到"四到",即该听到的听到,该闻到的闻到,该摸到的摸到,该看到的看到	
	006	运行工在巡查当中发现问题及时处理,处理不了的上报场站主管,场站主管处理不了的上报调度中心主管协调处理,调度中心主管协调处理不了的上报管网运行部负责人协调解决	
结束	007	场站输送工填写相关记录,并做好保存	—

7.1.5　流程关键绩效指标

场站巡检管理流程关键绩效指标见表 7-2。

表 7-2　场站巡检管理流程关键绩效指标

序号	指标名称	指标公式
1	巡检覆盖率	巡检覆盖率 = 已检项目数/需检项目总数 ×100%

7.1.6　相关文件

场站巡查制度
场站运行工工作职责
场站站长工作职责

7.1.7　相关记录

场站巡检管理流程相关记录见表 7-3。

表7-3　场站巡检管理流程相关记录

记录名称	保存责任者	保存场所	归档时间	保存期限	到期处理方式
交接班记录	场站主管	场站	纸质每年年底归档	3年	销毁
场站运行记录	场站主管	场站	纸质每年年底归档	3年	销毁
设备维护保养记录	场站主管	场站	纸质每年年底归档	3年	销毁
场站设备巡查记录	场站主管	场站	纸质每年年底归档	3年	销毁

7.1.8　编制依据

《城镇燃气管理条例》
《城镇燃气技术规范》GB 50494
《燃气系统运行安全评价标准》GB/T 50811
《液化天然气(LNG)生产、储存和装运》GB/T 20368
《城镇燃气设施运行、维护和抢修安全技术规程》CJJ 51
《城镇燃气报警控制系统技术规程》CJJ/T 146
《城镇燃气加臭技术规程》CJJ/T 148
《汽车加气站用液压天然气压缩机》JB/T 11422

7.2　加气站加气作业管理流程

7.2.1　加气站加气作业管理流程的目的

本流程的目的是利用流程管理工具,将各项管控措施标准化,明确各岗位人员的职责,梳理各项操作步骤,规范加气作业,规避不安全因素,防止漏气或其他危险状况发生,确保管控措施的落地执行。

7.2.2　加气站加气作业管理流程适用范围

本流程适用于城镇燃气公司加气站加气作业管理。

7.2.3　相关定义

无。

7.2.4　加气站加气作业管理流程及工作标准

加气站加气作业管理流程见图7-3,加气站加气作业管理流程说明及工作标准见表7-4。

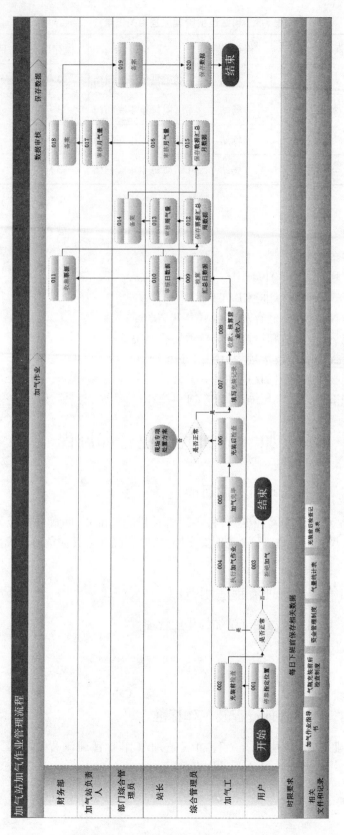

图 7-3　加气站加气作业管理流程

表 7-4　加气站加气作业管理流程说明及工作标准

阶段	节点	工作执行标准	执行工具
加气作业	001	加气工在加气岛上引导车辆停在指定位置,并且与加气机保持 1 米以上的距离	加气作业指导书
	002	加气工检查车辆的气瓶合格证和年检登记证,证件合格后观察车内是否有乘客,如有必须要求乘客下车到安全区域等候	
	003	被检查车辆气瓶不符合安全规定的,加气工拒绝加气	
	004	被检查气瓶符合要求的,加气工按规程进行加气作业	
	005	按序加气,加气完毕后,拔出加气枪	
	006	执行充装后检查,确保加气安全	
	007	规范填写充装前后检查记录	
数据审核	008	加气工核对个人当日收入款项	气量统计表
	009	加气站综合管理员核实当日加气站的相关数据	
	010	站长审核当日加气数据	
	011	财务部会计员收集当日加气经营票据	
	012	加气站综合管理员汇总并核实周销售气量、周收款及其他数据,会计进行票据汇总	
	013	站长核实一周上报的相关数据	
	014	部门综合管理员备案各站区的周气量,并上报总经理办公室	
	015	部门综合管理员综合管理汇总月数据	
	016	站长核实一月上报的相关数据	
	017	加气站负责人审核月气量	
	018	财务部审核月气量,并备案	
保存数据	019	部门综合管理者备案各站区的月气量	气量统计表
	020	加气站综合管理员保存相关数据	

7.2.5　流程关键绩效指标

加气站加气作业管理流程关键绩效指标见表7-5。

表 7-5　加气站加气作业管理流程关键绩效指标

序号	指标名称	指标公式
1	不合格车辆率	不合格车辆率 = 检查不合格车辆数/检查车辆总数 ×100%

7.2.6 相关文件

加气作业指导书

气瓶充装前后检查制度

资金管理制度

7.2.7 相关记录

加气站加气作业管理流程相关记录见表7-6。

表 7-6 加气站加气作业管理流程相关记录

记录名称	保存责任者	保存场所	归档时间	保存期限	到期处理方式
气量统计表	综合管理员	加气站	当月	3 年	封存
充装前后检查记录表	站长	加气站	当日	3 月	封存

7.2.8 相关法规

《城镇燃气设计规范》GB 50028

《城镇燃气技术规范》GB 50494

《城镇燃气设施运行、维护和抢修安全技术规程》CJJ 51

7.3 钢瓶充装作业管理流程

7.3.1 钢瓶充装作业管理流程的目的

为了规范钢瓶充装,及时防止不安全因素发生,保证安全生产,特制定本流程。

7.3.2 钢瓶充装作业管理流程适用范围

本流程适用于城镇燃气公司钢瓶充装作业管理。

7.3.3 相关定义

无。

7.3.4 钢瓶充装作业管理流程及工作标准

钢瓶充装作业管理流程见图7-4,钢瓶充装作业管理流程说明及工作标准见表7-7。

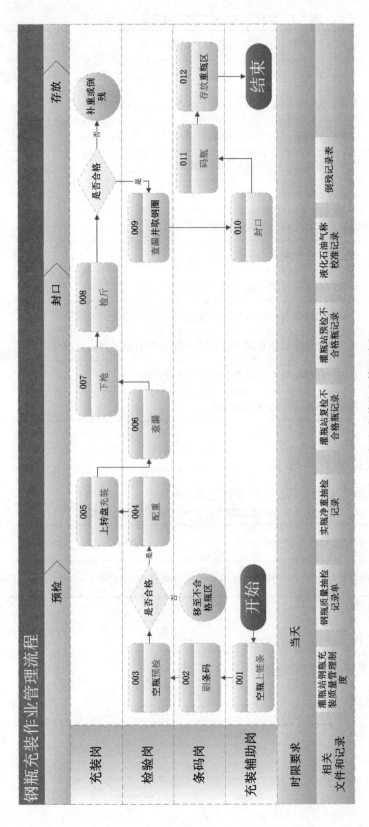

图 7-4　钢瓶充装作业管理流程

表 7-7 钢瓶充装作业管理流程说明及工作标准

阶段	节点	工作执行标准	执行工具
预检	001	充装辅助员将钢瓶运至上链条处,通过链条输送至下一道工序	罐瓶站钢瓶充装质量管理制度、罐瓶站预检不合格瓶记录
	002	条码员通过条码采集器对钢瓶上的条码进行扫描存档	
	003	检验员对链条上的空瓶进行检验,判断其是否合格	
封口	004	检验员对链条上合格的钢瓶进行配重	实瓶净重抽检记录、罐瓶站复检不合格瓶记录
	005	充装员对钢瓶进行充装	
	006	检验员用肥皂水对充装完的钢瓶进行查漏	
	007	充装员取下充装完的钢瓶上的充装枪	
	008	充装员对充装完的钢瓶进行质量检定	
存放	009	检验员对质量合格的重瓶进行查漏,并取下重瓶上的配重圈	倒残记录表
	010	充装辅助员在钢瓶角阀处套上封口纸,并使其通过封口机封口	
	011	条码员通过码瓶机把链条上的重瓶叠成 2 层	
	012	条码员将重瓶推到重瓶区存放	

7.3.5 流程关键绩效指标

钢瓶充装作业管理流程关键绩效指标见表 7-8。

表 7-8 钢瓶充装作业管理流程关键绩效指标

序号	指标名称	指标公式
1	预检合格率	预检合格率 = 预检合格数/预检总数 × 100%

7.3.6 相关文件

灌瓶站钢瓶充装质量管理制度

7.3.7 相关记录

钢瓶充装作业管理流程相关记录见表 7-9。

表 7-9　钢瓶充装作业管理流程相关记录

记录名称	保存责任者	保存场所	归档时间	保存期限	到期处理方式
钢瓶质量抽检记录单	充装员	钢瓶	完成后	3 年	封存
实瓶净重抽检记录	充装员	钢瓶	完成后	3 年	封存
灌瓶站复检不合格瓶记录	检验员	钢瓶	完成后	3 年	封存
灌瓶站预检不合格瓶记录	检验员	钢瓶	完成后	3 年	封存
液化石油气称校准记录	充装员	钢瓶	完成后	3 年	封存
倒残记录表	充装员	钢瓶	完成后	3 年	封存

7.3.8　相关法规

《中华人民共和国特种设备安全法》
《城镇燃气设计规范》GB 50028
《城镇燃气技术规范》GB 50494
《气瓶安全技术监察规程》TSG R0006

7.4　场站设备维护管理流程

7.4.1　场站设备维护管理流程的目的

为了规范场站设备的日常维护保养,确保场站设备运行处于安全状态,保障场站系统平稳有效运行,特制定本流程。

7.4.2　场站设备维护管理流程适用范围

本流程适用于城镇燃气场站设备维护管理。

7.4.3　相关定义

无。

7.4.4　场站设备维护管理流程及工作标准

场站设备维护管理流程见图 7-5,场站设备维护管理流程说明及工作标准见表 7-10。

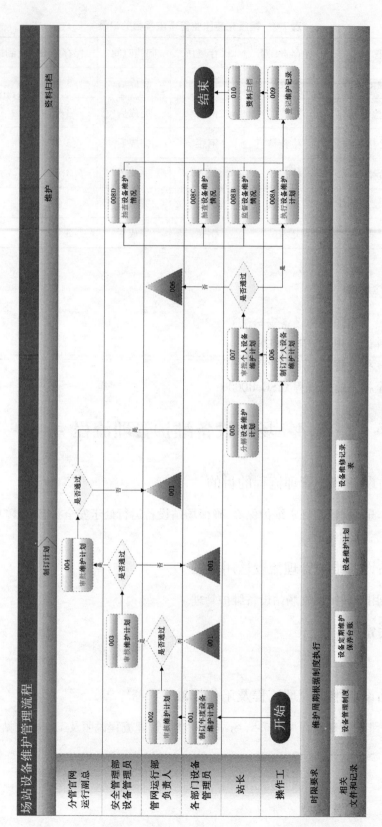

图 7-5 场站设备维护管理流程

表 7-10　场站设备维护管理流程说明及工作标准

阶段	节点	工作执行标准	执行工具
制订计划	001	各部门设备管理员对部门设备设施按相关标准制订年度维护计划	设备维护计划
	002	管网运行部负责人审核年度设备维护计划	
	003	安全管理部设备管理员审核各部门年度设备维护计划,如果符合,转管网运行部分管领导审批,不符合需要重新制订	
	004	分管管网运行副总审批年度设备维护计划。如果计划通过,则下发计划,如果不通过,需要重新制订	
维护	005	站长根据部门设备维护计划分解设备维护内容	设备管理制度、设备维修记录表、设备定期维护保养台账
	006	各操作工根据站长分解的计划制订个人责任设备详细月度维护计划	
	007	站长审核操作工的个人设备维护计划,如果通过,则按计划执行,不通过则需要操作工重新制订	
	008A	操作工根据个人设备维护计划维护设备	
	008B	站长监督检查设备维护情况,不符合要求重新执行维护	
	008C	各部门设备管理员抽查设备维护情况,不符合要求重新执行维护	
	008D	安全管理部设备管理员抽查设备维护情况	
资料归档	009	操作工填写相关设备维护记录	设备维修记录表
	010	站长收集整理设备维护档案,并做好归档	

7.4.5　流程关键绩效指标

场站设备维护管理流程关键绩效指标见表 7-11。

表 7-11　场站设备维护管理流程关键绩效指标

序号	指标名称	指标公式
1	设备完好率	设备完好率 = 完好设备总台数/生产设备总台数 × 100%

7.4.6　相关文件

设备管理制度

7.4.7 记录保存

场站设备维护管理流程相关记录见表7-12。

表 7-12 场站设备维护管理流程相关记录

记录名称	保存责任者	保存场所	归档时间	保存期限	到期处理方式
设备定期维护保养台账	设备管理员	管网运行部	当日	3 年	销毁
设备维护计划	设备管理员	管网运行部	当日	3 年	销毁
设备维修记录表	设备管理员	管网运行部	当日	3 年	销毁

7.4.8 相关法规

《城镇燃气管理条例》
《城镇燃气设计规范》GB 50028
《城镇燃气技术规范》GB 50494
《爆炸危险环境电力装置设计规范》GB 50058
《燃气系统运行安全评价标准》GB/T 50811
《城镇燃气设施运行、维护和抢修安全技术规程》CJJ 51
《城镇燃气标志标准》CJJ/T 153
《城镇燃气报警控制系统技术规程》CJJ/T 146
《城镇燃气加臭技术规程》CJJ/T 148

7.5 场站外来施工管理流程

7.5.1 场站外来施工管理流程的目的

为了规范场站内外来施工的管理工作,保障场站施工及运行安全,防止安全事故的发生,特制定本流程。

7.5.2 场站外来施工管理流程适用范围

本流程适用于城镇燃气公司场站外来施工的安全管理。

7.5.3 相关定义

无。

7.5.4 场站外来施工管理流程及工作标准

场站外来施工管理流程见图7-6,场站外来施工管理流程说明及工作标准见表7-13。

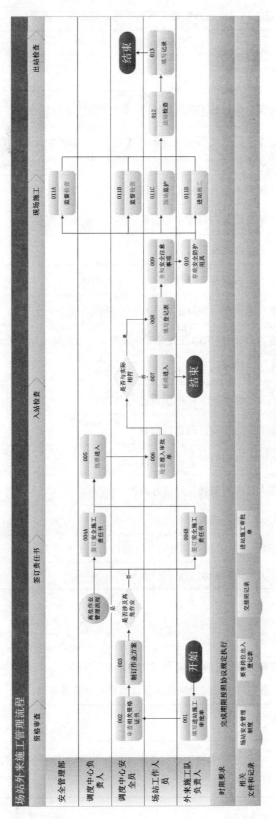

图 7-6 场站外来施工管理流程

表 7-13　场站外来施工管理流程说明及工作标准

阶段	节点	工作执行标准	执行工具
资格审查	001	外来施工队负责人填写进站施工审批单,提出进站施工申请	进站施工审批单
	002	调度中心安全员对施工队资质证书、安全协议等进行审查	
签订责任书	003	调度中心安全员根据场站情况制订作业方案,如果涉及高危作业要走高危作业流程	—
	004A	调度中心负责人与外来施工队负责人签订安全施工责任书	
	004B	外来施工队负责人与调度中心负责人签订安全施工责任书	
	005	调度中心负责人批准其进入施工	
	006	场站工作人员检查准入审批单是否与实际相符	
	007	若发现准入审批单与实际不相符则拒绝其进入施工	
入站检查	008	被批准进入后,场站工作人员安排外来施工人员填写入站登记表	—
	009	场站工作人员告知外来施工人员安全注意事项	
	010	外来施工人员穿戴安全防护用具进入作业区	
现场施工	011A	安全管理部要对作业进行监督检查	—
	011B	调度中心安全员要对作业进行监督检查	
	011C	场站工作人员要对现场作业做好监护	
	011D	外来施工人员进行现场施工	
出站检查	012	施工完毕后,场站工作人员要对其进行检查方可允许其出站	—
	013	场站工作人员填写相关记录	

7.5.5　流程关键绩效指标

场站外来施工管理流程关键绩效指标见表 7-14。

表 7-14　场站外来施工管理流程关键绩效指标

序号	指标名称	指标公式
1	外来施工季度违章次数	外来施工季度违章次数 = 每季度场站各外来施工总违章次数的总和

7.5.6　相关文件

场站安全管理制度

7.5.7　相关记录

场站外来施工管理流程相关记录见表 7-15。

表 7-15　场站外来施工管理流程相关记录

记录名称	保存责任者	保存场所	归档时间	保存期限	到期处理方式
交接班记录	调度中心安全员	场站	当日	3 年	销毁
进站施工审批单	调度中心安全员	场站	当日	3 年	销毁
要害岗位出入登记表	调度中心安全员	场站	当日	3 年	销毁

7.5.8　相关法规

《城镇燃气管理条例》

《城镇燃气设计规范》GB 50028

《城镇燃气技术规范》GB 50494

《城镇燃气设施运行、维护和抢修安全技术规程》CJJ 51

《城镇燃气标志标准》CJJ/T 153

《施工现场临时用电安全技术规范》JGJ 46

《城镇燃气输配工程施工及验收规范》CJJ 33

第8章 应急管理

建立健全应急管理机制有助于企业有效应对燃气生产运营中的各种风险,预防和减少安全事故的发生及其造成的人员和财产损失。燃气企业应急包括气源供应的应急组织和生产安全应急,生产安全应急又有应急救援物资及资源、应急救援人员、应急救援预案、应急救援调度等。本章内容主要有:应急气源调度管理、应急抢险管理和应急预案管理,见图8-1。

图 8-1　应急管理

各个流程的管控风险点如下所述。

(1)应急气源调度管理:供气接警情况判断、预案的实施、调整压力的监控、供气恢复的确认。

(2)应急抢险管理:接警情况的判断、响应级别的变化、现场抢险。

(3)应急预案管理:应急预案的编写、应急物资的充分性、应急人员的能力、现场演练的有效性。

8.1　应急气源调度管理流程

8.1.1　应急气源调度管理流程的目的

为了保证在燃气供应出现紧急状况时及时采取有效应对措施,最大限度地满足用户的用气需求,将紧急状态下对人民生活和经济发展的影响降低到最小程度,特制定本流程。

8.1.2　应急气源调度管理流程适用范围

本流程适用于城镇燃气公司燃气供应不足情况的应急管理。

8.1.3　相关定义

无。

8.1.4　应急气源调度管理流程及工作标准

应急气源调度管理流程见图8-2,应急气源调度管理流程说明及工作标准见表8-1。

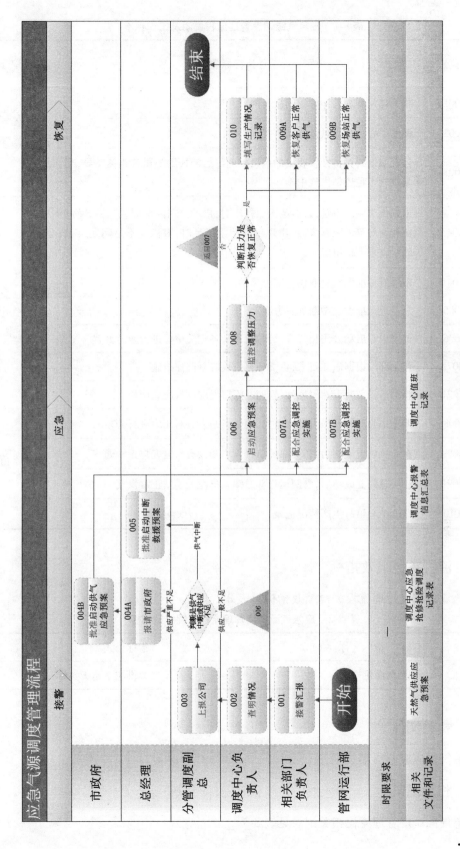

图 8-2 应急气源调度管理流程

表 8-1　应急气源调度管理流程说明及工作标准

阶段	节点	工作执行标准	执行工具
接警	001	相关部门负责人详细询问接警内容并汇总	应急气源调度管理制度
	002	调度中心负责人具体查明情况	
	003	分管调度副总将接警收集的信息整理好后汇报给公司各相关领导,判断是供气不足还是供气中断	
应急	004A	出现供应一般不足,影响范围比较小时,启动公司内部应急预案,通过调压和调度等措施解决;当出现供气严重不足时,对供气不足问题及相关处置方案上报市政府	燃气企业供应应急预案、供气中断处置方案
	004B	市政府批准燃气企业供应应急预案	
	005	总经理批准供气中断处置方案	
	006	调度中心启动公司相关应急预案,通知各相关单位进行应急处置	
	007A	相关部门根据通知要求,负责各自模块应急调控措施	
	007B	管网运行部对天然气场站、管网及附属设施进行应急调控	
恢复	008	调度中心对管网压力进行监控,通知场站人员对压力进行调整	生产情况记录表
	009A	在应急处置成功后,相关部门负责人通知人员恢复客户正常通气	
	009B	在应急处置成功后,管网运行部通知人员恢复场站正常供气	
	010	调度中心填写生产情况记录	

8.1.5　流程关键绩效指标

应急气源调度管理流程关键绩效指标见表8-2。

表 8-2　应急气源调度管理流程关键绩效指标

序号	指标名称	指标公式
1	全年气源供应不足天数	全年气源供应不足天数

8.1.6　相关文件

天然气供应应急预案

8.1.7　相关记录

应急气源调度管理流程相关记录见表8-3。

表 8-3　应急气源调度管理流程相关记录

记录名称	保存责任者	保存场所	归档时间	保存期限	到期处理方式
调度中心值班记录	调度员	调度中心	1 周	3 年	销毁
调度中心应急抢修抢险调度记录表	调度员	调度中心	1 周	3 年	销毁
调度中心报警信息汇总表	调度员	调度中心	1 周	3 年	销毁

8.1.8　相关法规

《城镇燃气管理条例》

8.2　应急抢险管理流程

8.2.1　应急抢险管理流程的目的

本流程的目的是能够紧急处理天然气在输送供应中的突发事件,及时组织安排抢修、抢险,确保燃气管线及其附属设施安全运营,最大程度地减少燃气事故造成的损失,保障广大人民群众人身和财产安全。

8.2.2　应急抢险管理流程适用范围

本流程适用于城镇燃气公司应急抢险工作。

8.2.3　相关定义

无。

8.2.4　应急抢险管理流程及工作标准

应急抢险管理流程见图 8-3,应急抢险管理流程说明及工作标准见表 8-4。

表 8-4　应急抢险管理流程说明及工作标准

阶段	节点	工作执行标准	执行工具
接警	001	调度中心接警,判断是否需启动应急预案,若不需启动应急预案则转抢险抢修流程	—
	002	调度中心根据报警内容启动相应级别应急预案,并根据相应预案级别上报相应领导,三级应急预案上报至分管调度中心副总,二级应急预案上报至分管安全副总经理,一级应急预案上报至总经理	
应急响应	003A	启动一级应急预案时,总经理接到汇报	管网应急预案、门站和调压站应急预案、抢维修设备操作规程、带气作业审批单
	003B	启动二级应急预案时,分管安全副总接到汇报	
	003C	启动三级应急预案时,分管调度中心副总接到汇报	
	003D	调度中心负责人接到汇报	

阶段	节点	工作执行标准	执行工具
现场救援	004A	一级应急预案总经理担任总指挥,总经理进行判断,是否需向市政府汇报	抢险设备操作规程、抢维修交接班管理制度
	004B	二级应急预案分管安全副总担任总指挥	
	004C	三级应急预案分管调度中心副总担任总指挥	
	004D	调度中心负责人立刻赶赴现场,查明原因后判断是否需提高应急预案级别,若需提高应急预案级别则返回002	
	004E	调度中心抢险维修班接到指令后立刻赶赴现场	
	005	总经理判断情况紧急,向市政府进行汇报	
	006	市政府协调救援工作	
	007	调度中心负责信息传输,应急指挥部负责指挥,现场指挥部负责现场处置,抢险由应急抢险队伍来实施	
	008	调度中心调度员通知抢险维修班安排抢修	
	009A	分管调度中心副总组织人员开展抢险工作	
	009B	按照调度中心负责人安排,抢修队员实施抢险作业	
	009C	相关部门做好抢险配合工作,管网运行部负责阀门和调压器的开闭,客户服务部做好对用户的停气通知及解释工作,总经理办公室和物资部做好后勤保障和物资供应	
恢复供气	010	抢险维修班把抢修及恢复供气情况汇报调度中心调度员,并做好相关记录	抢修记录

8.2.5 流程关键绩效指标说明

应急抢险管理流程关键绩效指标见表8-5。

表 8-5 应急抢险管理流程关键绩效指标

序号	指标名称	指标公式
1	抢险及时率	抢险及时率 = 及时到达抢修次数/总抢险次数 ×100%

8.2.6 相关文件

管网应急预案

门站和调压站应急预案

应急抢险管理制度

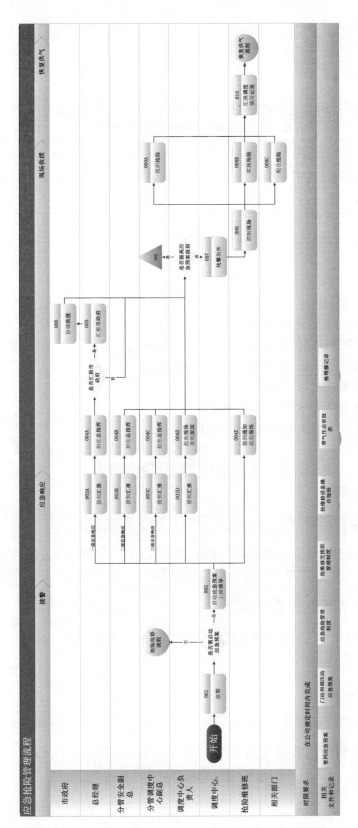

图 8-3　应急抢险管理流程

抢维修设备操作规程

抢维修交接班管理制度

8.2.7　相关记录

应急抢险管理流程相关记录见表8-6。

表8-6　应急抢险管理流程相关记录

记录名称	保存责任者	保存场所	归档时间	保存期限	到期处理方式
带气作业审批表	抢险维修主管	抢险维修班组	纸质每年年底封存	3 年	封存
维抢修记录	抢险维修主管	抢险维修班组	纸质每年年底封存	3 年	封存

8.2.8　相关法规

《城镇燃气管理条例》

《城镇燃气设计规范》GB 50028

《城镇燃气技术规范》GB 50494

《现场设备、工业管道焊接工程施工规范》GB 50236

《城镇燃气设施运行、维护和抢修安全技术规程》CJJ 51

《城镇燃气标志标准》CJJ/T 153

《施工现场临时用电安全技术规范》JGJ 46

《城镇燃气输配工程施工及验收规范》CJJ 33

8.3　应急预案管理流程

8.3.1　应急预案管理流程的目的

本流程的目的是建立并完善应急预案编制、修订以及应急预案演练方案的管理,以提高公司的应急预案管理能力、应急反应能力和应急协同能力等。

8.3.2　应急预案管理流程适用范围

本流程适用于城镇燃气公司各级应急预案的编制和修订,以及应急演练方案的编制审核和发布的各个环节。

8.3.3　相关定义

无。

8.3.4　应急预案管理流程及工作标准

应急预案管理流程见图8-4,应急预案管理流程说明及工作标准见表8-7。

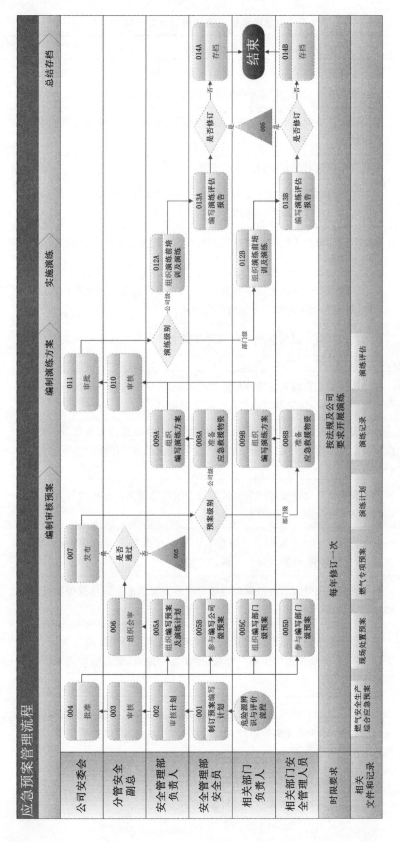

图 8-4 应急预案管理流程

表 8-7　应急预案管理流程说明及工作标准

阶段	节点	工作执行标准	执行工具
编制审核预案	001	安全管理部安全员根据危险源辨识与评价结果,制订针对高风险项目控制的预案编写计划,计划应全面覆盖各类高风险项目	安全生产综合应急预案、演练计划
	002	安全管理部负责人审核计划覆盖的全面性、合理性,并提交分管安全副总审核	
	003	分管安全副总对计划进行进一步审核	
	004	应急预案编制计划经公司安委会全体成员审议,审议内容应全面,对公司范围内的所有风险进行考虑	
	005A	安全管理部负责人组织公司各部门负责人以及安全员编写公司级、部门级应急预案	
	005B	安全管理部安全员结合危险源辨识结果,充分分析全公司范围内面临的风险,针对各项风险制订公司级综合预案	
	005C	相关部门负责人组织本部门内部所有安全管理人员及安全员编写公司级、部门级应急预案	
	005D	相关部门安全管理人员结合危险源辨识结果,充分分析本部门内面临的风险,针对各项风险制订本部门专项应急预案	
	006	分管安全副总对公司安全管理部编写的公司级应急预案及各部门组织编写的专项应急预案,组织全公司安全管理人员及专家对应急预案进行会审	
	007	公司安委会对会审通过的综合预案与专项应急预案由总经理签署后,代表全体安委会成员进行发布	
编制演练方案	008A	安全管理部安全员根据公司级综合预案要求准备应急救援物资、器材,包括抢修车辆、物资、器材、材料、工具等	—
	008B	相关部门安全管理人员根据部门级专项预案要求准备应急救援物资、器材,包括抢修车辆、物资、器材、材料、工具等	
	009A	安全管理部负责人组织全公司安全管理人员编写公司级应急演练方案,方案内容必须包含模拟事件描述、险情发生地点、应急物资清单、现场示意图等信息	
	009B	相关部门负责人组织部门内部安全管理人员编写公司级应急演练方案,方案内容必须包含模拟事件描述、险情发生地点、应急物资清单、现场示意图等信息	
	010	分管安全副总对应急演练方案进行审核	
	011	公司安委会对应急演练方案进行审批	

阶段	节点	工作执行标准	执行工具
实施演练	012A	安全管理部负责人和相关部门负责人分别对公司和部门应急救援队伍全体人员组织演练前的培训,特殊情况可先进行桌面推演,然后进行实战演练,让应急救援队伍全体人员明确个人职责和演练中所要采取的活动,保证应急演练的顺利开展	演练记录
	012B		
总结存档	013A	安全管理部安全员和相关部门安全管理人员分别依据演练记录及演练效果编写练评估报告,对演练效果进行评估,对应急预案提出是否对预案进行修订的建议,并征求负责人的意见,确定是否需要修订;如果需要修订则再次编写预案	演练评估
	013B		
	014A	相关部门安全管理人员分别对预案及演练等全部资料分类并进行妥善存档	
	014B		

8.3.5 流程关键绩效指标

应急预案管理流程关键绩效指标见表8-8。

表 8-8 应急预案管理流程关键绩效指标

序号	指标名称	指标公式
1	演练计划完成率	演练计划完成率 = 已演练次数/演练计划总数 ×100%

8.3.6 相关文件

燃气安全生产综合应急预案

燃气专项预案

现场处置方案

8.3.7 相关记录

应急预案管理流程相关记录见表8-9。

表 8-9 应急预案管理流程相关记录

记录名称	保存责任者	保存场所	归档时间	保存期限	到期处理方式
演练计划	安全管理部安全员	安全管理部	演练结束后1周	3年	封存
演练记录	安全管理部安全员	安全管理部	演练结束后1周	3年	封存
演练评估	安全管理部安全员	安全管理部	演练结束后1周	3年	封存

8.3.8 相关法规

《城镇燃气管理条例》

《生产安全事故应急预案管理办法》

《生产安全事故应急条例》

《生产经营单位生产安全事故应急预案编制导则》GB/T 29639

《职业健康安全管理体系 要求及使用指南》ISO 45001

《城镇燃气经营企业安全生产标准化规范》T/CGAS 002

《城镇燃气设计规范》GB 50028

《城镇燃气技术规范》GB 50494

《城镇燃气设施运行、维护和抢修安全技术规程》CJJ 51

第9章　客户服务

　　客户服务是城镇燃气公司的重点工作,是与燃气用户面对面接触最多的部门,若沟通、处置不良,最容易与用户产生误解甚至纠纷。通过建立客户服务的安全管理流程,确立一个标准化的模式,确保优质服务;规范员工的操作或处置方法及步骤,避免不必要的风险。

　　客户服务包括工商业用户安检、居民用户安检、新用户通气、户内抢维修、客户燃气隐患处置、查处违章用气、抄表管理等七个流程,见图9-1。

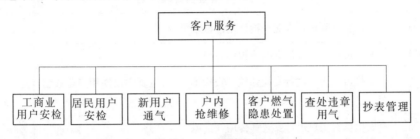

图9-1　客户服务

各个流程的管控风险点如下所述。

(1)工商业用户安检:安全隐患排查、现场消除隐患。

(2)居民用户安检:粘贴未能入户告知单、安全隐患排查、现场消除隐患。

(3)新用户通气:通气条件确认、签订供气协议。

(4)户内抢维修:抢险信息确认、现场处置。

(5)客户燃气隐患处置:隐患整改方确认、客户自行整改、限时到期后的核实。

(6)查处违章用气:违章后的取证、司法纠纷。

(7)抄表管理:抄表过程发现的隐患。

9.1　工商业用户安检流程

9.1.1　工商业用户安检流程的目的

　　为了给工商业燃气用户的安全检查工作确立一个标准化及优质化服务的模式,降低工商业燃气用户燃气系统的潜在风险,提高燃气使用的安全性,同时传达公司优质服务的理念,树立公司优质服务形象,特制定本流程。

9.1.2　工商业用户安检流程适用范围

　　本流程适用于城镇燃气公司的工商业用户安检工作。

9.1.3　相关定义

　　商业用户:以燃气为燃料进行炊事或制备热水的公共建筑或其他非家庭用户。

工业用户:以燃气为燃料从事工业生产的用户。

9.1.4 工商业用户安检流程及工作标准

工商业用户安检流程见图9-2,工商业用户安检流程说明及工作标准见表9-1。

表9-1 工商业用户安检流程说明及工作标准

阶段	节点	工作标准	执行工具
安检计划	001	针对工商业用户制订全年安检计划,保证每年安检一次。安检员将安检计划上报安检主管进行审核	安全检查管理制度
	002	安检主管对安检计划进行审核,并提出修改意见	
	003	客户服务部负责人对安检计划进行审批	
入户安检	004	安检员针对安检计划电话预约客户	安检操作规程、安检宣传资料、工商用户安检单、隐患整改通知书
	005	安检员对用户进行安检并填写安检单,填写应真实反映用户隐患情况	
	006	安检员对用户进行安全宣传用气常识	
	007	对于存在安全隐患的用户,安检员现场可自行消除隐患	
	008	对于现场无法消除安全隐患的用户下达隐患整改通知书,填写具体隐患内容	
	009	用户签字确认隐患内容,或者无隐患确认签字	
数据归档	010	安检员将安检数据输机,安检主管将各表单整理归档	—

9.1.5 流程关键绩效指标

工商业用户安检流程关键绩效指标见表9-2。

表9-2 工商业用户安检流程关键绩效指标

序号	指标名称	指标公式
1	工商业用户安检成功率	工商业用户安检成功率 = 成功入户安检用户数/工商业用户年度应安检总数 ×100%

9.1.6 相关文件

安全检查管理制度
安检操作规程

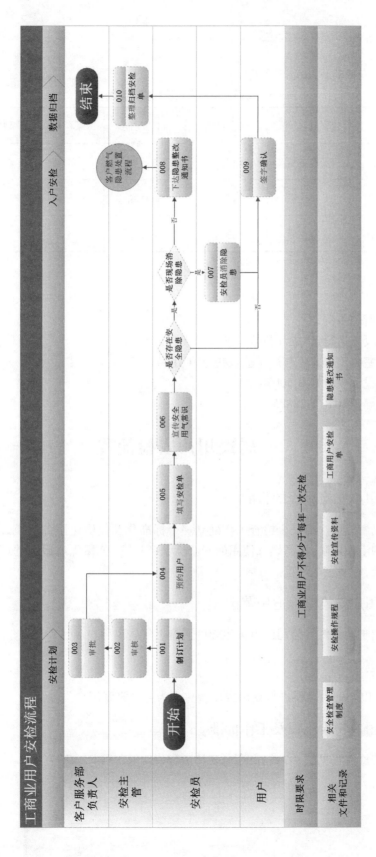

图 9-2　工商业用户安检流程

9.1.7 相关记录

工商业用户安检流程相关记录见表9-3。

表9-3 工商业用户安检流程相关记录

记录名称	保存责任者	保存场所	归档时间	保存期限	到期处理方式
安检宣传资料	安检主管	档案室	每月底	3年	封存
工商用户安检单	安检主管	档案室	每月底	3年	封存
隐患整改通知书	安检主管	档案室	每月底	3年	封存

9.1.8 相关法规

《城镇燃气管理条例》
《城镇燃气设施运行、维护和抢修安全技术规程》CJJ 51
《城镇燃气室内工程施工与质量验收规范》CJJ 94
《城镇燃气设计规范》GB 50028
《燃气服务导则》GB/T 28885

9.2 居民用户安检流程

9.2.1 居民用户安检流程的目的

为了给居民燃气用户的安全检查工作确立一个标准化及优质化服务的模式,降低居民用户燃气系统的潜在风险,提高燃气使用的安全性,同时传达公司优质服务的理念,树立公司优质服务形象,特制定本流程。

9.2.2 居民用户安检流程适用范围

本流程适用于城镇燃气公司已点火生效的所有燃气居民用户。

9.2.3 相关定义

居民用户:以燃气为燃料进行炊事或制备热水为主的家庭用户。

9.2.4 居民用户安检流程及工作标准

居民用户安检流程见图9-3,居民用电安检流程说明及工作标准见表9-4。

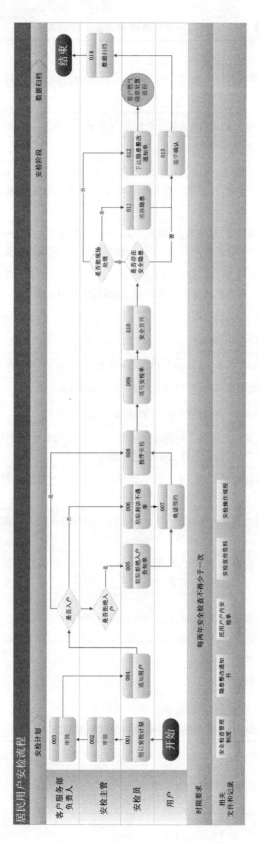

图 9-3 居民用户安检流程

表 9-4 居民用户安检流程说明及工作标准

阶段	节点	工作执行标准	执行工具
安检计划	001	安检员根据客户数量、分布及安检周期（频次），合理确定标准工作时间，提供每两年至少一次的入户安全检查计划	安全检查管理制度
	002	安检主管对安检计划进行审核，并提出修改意见	
	003	客户服务部负责人对安检计划进行审批	
安检阶段	004	在进行入户安检前2天（以当地法规为准），与小区的管理处或负责机构落实检查日期、时间，经盖章后贴在小区告示栏或者每单元楼道口，通知客户	安检操作规程、安检宣传资料、隐患整改通知书
	005	如碰到客户拒绝入户安检的，必须粘贴拒绝入户告知单。单上应预印客户服务热线电话，以便客户再次预约检查时间，同时拍照做好记录	
	006	如到访时客户不在家，必须粘贴到访不遇通知单。单上应预印客户服务热线电话，以便客户再次预约检查时间，同时拍照做好记录	
	007	用户通过到访不遇通知单或拒绝入户告知单上的联系电话，与安检人员进行再次预约安检服务	
	008	立管检查、户内管检查、连接软管检查、燃气表检查、燃气灶检查、燃气热水器/燃气采暖炉检查、可燃气体报警器和切断阀检查	
	009	安检员将客户基本资料及安检情况如实填写在安检单上	
	010	安检员贴"安检注意事项""年检合格标签"，进行燃气安全知识宣传，推介客户使用安全燃气具，发放安全用气手册等	
	011	对于现场能够处理的隐患，根据隐患管理相关规定，由安检员现场整改	
	012	对于安检过程中发现的无法现场整改的隐患，安检员现场下达隐患整改通知书	
	013	当安检人员完成检查工作后，应把有关的工作记录，以及更新的客户数据填写在工作单上，交客户签署	
数据归档	014	安检员将安检数据输机，安检主管将各表单整理归档	—

9.2.5 流程关键绩效指标

居民用户安检流程关键绩效指标见表 9-5。

表 9-5 居民用户安检流程关键绩效指标

序号	指标名称	指标公式
1	居民用户安检成功率	居民用户安检成功率 = 成功入户安检用户数/居民年度应安检用户总数 ×100%

9.2.6 相关文件

安全检查管理制度
安检操作规程

9.2.7 相关记录

居民用户安检流程相关记录见表9-6。

表9-6 居民用户安检流程相关记录

记录名称	保存责任者	保存场所	归档时间	保存期限	到期处理方式
居民用户户内安检单	安检主管	档案室	每月底	3年	封存
隐患整改通知书	安检主管	档案室	每月底	3年	封存
安检宣传资料	安检主管	档案室	每月底	3年	封存

9.2.8 相关法规

《城镇燃气管理条例》
《城镇燃气设施运行、维护和抢修安全技术规程》CJJ 51
《城镇燃气室内工程施工与质量验收规范》CJJ 94
《城镇燃气设计规范》GB 50028
《燃气服务导则》GB/T 28885

9.3 新用户通气流程

9.3.1 新用户通气流程的目的

为了加强对置换通气客户的管理,规范置换通气操作流程,明确岗位工作职责,确保客户安全、快捷、方便地使用燃气,特制定本流程。

9.3.2 新用户通气流程适用范围

本流程适用于前期工程资料移交、现场勘查、确定置换投产通气方案并审批完毕后,新安装用户的通气过程。

9.3.3 相关定义

直接置换:采用燃气置换燃气设施中的空气或采用空气置换燃气设施中的燃气的过程。
间接置换:采用惰性气体或水置换燃气设施中的空气后,再用燃气置换燃气设施中的惰性气体或水的过程;或采用惰性气体或水置换燃气设施中的燃气后,再用空气置换燃气设施中的惰性气体或水的过程。

9.3.4 新用户通气流程及工作标准

新用户通气流程见图9-4,新用户通气流程说明及工作标准见表9-7。

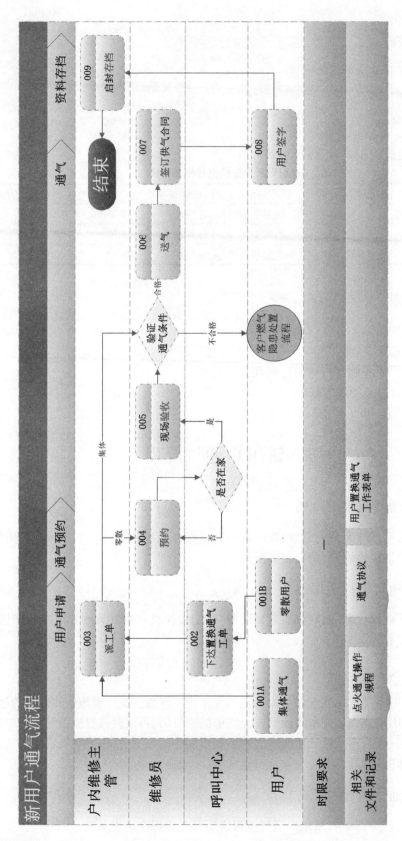

图 9-4 新用户通气流程

表 9-7　新用户通气流程说明及工作标准

阶段	节点	工作执行标准	执行工具
用户申请	001A	集体通气:小区联络人联系客服部	—
	001B	零散用户:用户拨打客服电话进行申报	
	002	接到用户申请后,向通气人员下达点火通气单	
	003	户内维修主管根据置换通气工单安排维修员及时地进行置换通气	
通气预约	004	提前 24 小时与用户预约通气时间	—
通气	005	依据相关规范进行现场验收。主要包括:软管无超长、穿墙,连接处有管卡,燃气具生产许可证,产品合格证,使用说明书齐全等 5 项内容	点火通气操作规程、通气协议
	006	验收合格后填写用户置换通气工作表单后置换通气	
	007	根据用户提供的地址、姓名等信息,查找用户安装建档情况,与用户签订管道燃气供气协议	
	008	用户签订管道燃气供气协议	
资料存档	009	根据用户置换通气工作表单的内容录入电脑并对通气单进行整理和装订	—

9.3.5　流程关键绩效指标

新用户通气流程关键绩效指标见表 9-8。

表 9-8　新用户通气流程关键绩效指标

序号	指标名称	指标公式
1	通气合格率	通气合格率 = 通气合格用户总数/通气总数 × 100%

9.3.6　相关文件

点火通气操作规程
通气协议

9.3.7　记录保存

新用户通气流程相关记录见表 9-9。

表 9-9　新用户通气流程相关记录

记录名称	保存责任者	保存场所	归档时间	保存期限	到期处理方式
用户置换通气工作表单	户内维修主管	档案室	每月底	永久	—

9.3.8　相关法规

《城镇燃气管理条例》
《城镇燃气设施运行、维护和抢修安全技术规程》CJJ 51
《城镇燃气室内工程施工与质量验收规范》CJJ 94
《城镇燃气设计规范》GB 50028

9.4　户内抢维修流程

9.4.1　户内抢维修流程的目的

为对已置换通气生效的所有燃气客户燃气设施维修服务的全过程进行控制,保证及时和优质的服务,确保客户安全用气,特制定本流程。

9.4.2　户内抢维修流程适用范围

本流程适用于城镇燃气公司客户户内抢维修。

9.4.3　相关定义

抢修:燃气设施发生危及安全的泄漏以及引起停气、中毒、火灾、爆炸等事故时,采取紧急措施的作业。

停气:在燃气供应系统中,采用关闭阀门等方法切断气源,使燃气流量为零的作业。

9.4.4　户内抢维修流程及工作标准

户内抢维修流程见图9-5,户内抢维修流程说明及工作标准见表9-10。

表9-10　户内抢维修流程说明及工作标准

阶段	节点	工作执行标准	执行工具
接警阶段	001	用户将需要维修情况告知呼叫中心	—
	002	呼叫中心登记用户详细信息,并通知维修组	
派工阶段	003	户内维修主管(上报客户服务部负责人,在客服服务部负责人不能及时赶到现场的情况下,负责指挥安排)根据实际情况分派相关维修人员,或通知就近维修员	抢险抢修队组织架构及职能、抢险抢修岗位职责、抢险抢修管理制度
	004	客服服务部负责人根据实际情况分派相关维修人员,或通知就近维修员	
	005	维修员根据部门负责人/户内维修主管安排带好材料赶往现场	
	006	维修员携带好相应的工具,赶往现场。如果是漏气事件,维修员需携带好相应的工具,在规定的时限内到达现场	
	007	如果是漏气事件,维修员疏散群众警戒现场	
	008	现场按以下要求处置: 1.按要求进行维修检查。 2.如果是漏气事件,需要切断气源,查明漏气原因,现场取证并上报险情,配合相关部门做好事故调查,根据事故处理结果及时维修,验收合格达到供气条件后恢复供气	
	009	向部门负责人/户内维修主管回复情况	
归档阶段	010	收集相关表单和资料,完善台账	—

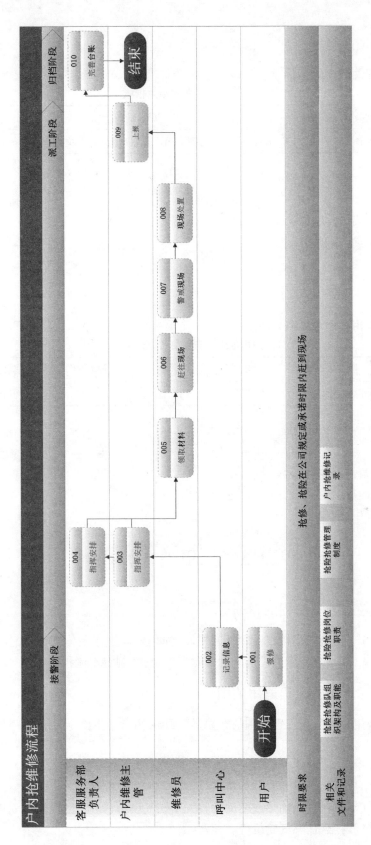

图 9-5　户内抢维修流程

9.4.5 流程关键绩效指标

户内抢维修流程关键绩效指标见表 9-11。

表 9-11 户内抢维修流程关键绩效指标

序号	指标名称	指标公式
1	户内维修及时率	户内维修及时率 = 及时到达用户位置次数/户内抢维修次数 × 100%

9.4.6 相关文件

抢险抢修队组织架构及职能
抢险抢修岗位职责
抢险抢修管理制度

9.4.7 相关记录

户内抢维修流程相关记录见表 9-12。

表 9-12 户内抢维修流程相关记录

记录名称	保存责任者	保存场所	归档时间	保存期限	到期处理方式
户内抢维修记录	户内维修主管	档案室	每次完成	3 年	封存

9.4.8 相关法规

《城镇燃气管理条例》
《城镇燃气设施运行、维护和抢修安全技术规程》CJJ 51
《燃气服务导则》GB/T 28885

9.5 客户燃气隐患处置流程

9.5.1 客户燃气隐患处置流程的目的

为了建立安全生产、安全隐患排查治理长效机制,强化安全生产主体责任,加强安全隐患监督管理,防止和减少事故,保障人民群众生命财产安全,特制定本流程。

9.5.2 客户燃气隐患处置流程适用范围

本流程适用于城镇燃气公司管理范围的客户燃气设施、设备及用气设备的隐患处置。

9.5.3 相关定义

用户燃气设施:用户燃气管道、阀门、计量器具、调压设备、气瓶等。
用气设备:以燃气作燃料进行加热或驱动的较大型燃气设备,如工业炉、燃气锅炉、燃气直燃机、燃气热泵、燃气内燃机、燃气轮机等。

9.5.4 客户燃气隐患处置流程及工作标准

客户燃气隐患处置流程见图9-6,客户燃气隐患处置流程说明及工作标准见表9-13。

表9-13 客户燃气隐患处置流程说明及工作标准

阶段	节点	工作执行标准	执行工具
发现隐患	001A	安检员在巡检过程中发现一般安全隐患,向客户发放用户安检单,并告知客户整改	用户安检单、隐患整改通知书
	001B	用户上报自行发现的隐患	
与客户沟通	002	如发现存在严重安全隐患,安检员需告知客户严重安全隐患的危害及整改方法,并与用户签订隐患整改通知单,督促客户开展整改工作	隐患整改通知书、用户安全隐患管理制度
	003	用户在隐患整改通知单上签字,可选择委托整改和自行整改两种整改方式	
	004	客户拒绝在隐患整改通知单上签字的,上报公司限期进行整改	
	005	安全管理部对客户拒绝整改的情况进行备案	
	006	安排人员对拒绝整改的用户督促跟踪,并及时汇报	
整改隐患	007	客户选择自行整改的,须在规定期限内完成整改	维修操作规程
	008	公司整改的,安检员汇报给呼叫中心,呼叫中心根据安检汇报的内容下达工单	
	009	户内维修主管根据隐患工单,安排维修员进行维修	
	010	维修员按预约时间上门服务	
	011	整改完毕后,安检员应及时安排现场核查工作,并填写整改客户核查记录。 1. 委托整改核查不合格的,由维修员重新整改。 2. 客户自行整改核查不合格的,要求重新整改。如发生客户不配合的情况,再次和客户沟通,沟通无效的上报公司进行限期整改	
汇总资料	012	经安检员现场核实,整改合格的客户由户内维修主管进行数据、资料汇总工作,并更新用户安全隐患管理台账。户内维修主管对安检员反馈回的已整改客户,按比例进行抽检工作,抽检不合格的重新整改	用户安全隐患台账
	013	时限到期经现场核实,仍未实施整改的客户,由户内维修主管实施停气	—

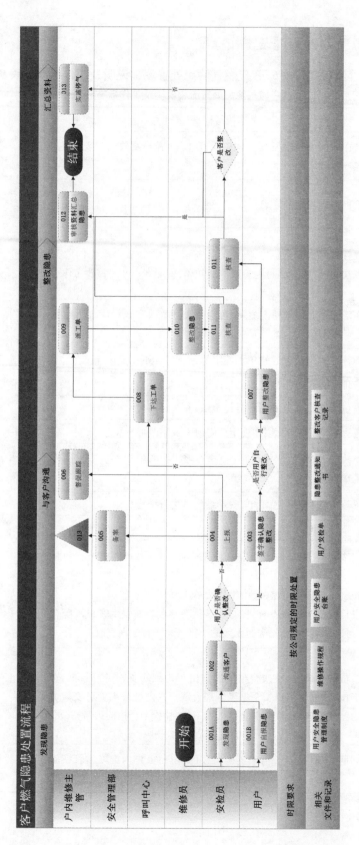

图 9-6　客户燃气隐患处置流程

9.5.5 流程关键绩效指标

客户燃气隐患处置流程关键绩效指标见表9-4。

表9-14 客户燃气隐患处置流程关键绩效指标

序号	指标名称	指标公式
1	隐患处置率	隐患处置率＝(隐患告知＋隐患整改＋停气处置)/发现隐患×100%
2	隐患整改合格率	隐患整改合格率＝隐患整改合格数/隐患整改数×100%

9.5.6 相关文件

用户安全隐患管理制度
维修操作规程

9.5.7 记录保存

客户燃气隐患处置流程相关记录见表9-15。

表9-15 客户燃气隐患处置流程相关记录

记录名称	保存责任者	保存场所	归档时间	保存期限	到期处理方式
用户安全隐患台账	安检主管	安检部门	每月	3年	封存
用户安检单	安检主管	安检部门	每月	3年	封存
隐患整改通知书	安检主管	安检部门	每月	3年	封存
整改客户核查记录	安检主管	安检部门	每月	3年	封存

9.5.8 相关法规

《城镇燃气管理条例》
《城镇燃气设施运行、维护和抢修安全技术规程》CJJ 51
《城镇燃气室内工程施工与质量验收规范》CJJ 94
《城镇燃气设计规范》GB 50028
《燃气服务导则》GB/T 28885

9.6 查处违章用气流程

9.6.1 查处违章用气流程的目的

为了维护燃气供、用气秩序,打击盗窃燃气违章行为,保障供、用气安全,加强对供气过程的监控和管理,结合公司供销差治理专项工作,特制定本流程。

9.6.2 查处违章用气流程适用范围

本流程适用于城镇燃气公司所有在用燃气的用户。

9.6.3 相关定义

违章用气:用户存在偷气、盗气等违章行为。

9.6.4 查处违章用气流程及工作标准

查处违章用气流程见图 9-7,查处违章用气流程说明及工作标准见表 9-16。

表 9-16 查处违章用气流程说明及工作标准

阶段	节点	工作执行标准	执行工具
接报、现场勘验	001A	用户如发现其他用户有违章窃气行为,向服务监督员进行举报	一
	001B	客户服务部对长期没交气费用户进行检查	
	001C	抄表员在抄表过程中,发现用户有违章窃气嫌疑,向服务监督员进行举报	
	001D	安检员在安检过程中,发现用户有违章窃气嫌疑,向服务监督员进行举报	
	001E	维修员在维修过程中,发现用户有违章窃气嫌疑,向服务监督员进行举报	
调查取证	002	户内维修主管接到举报后,安排人员进入现场进行勘验,拍照取证	城镇燃气管理条例
	003	用户违章窃气行为经认定后,维修进行停气,并对气表、阀门等进行加封,对用户进行询问,开具调查通知书	
追偿损失	004	户内维修主管上报安全管理部	偷盗气治理实施办法
	005	安全管理部上报司法机关	
	006	经现场勘察后,视违章窃气情节大小,依照相关法律法规、标准进行追偿,用户拒不接受,转公司安全管理部,移送司法机关,由司法机关配合追偿,金额达到刑事案件的,由司法机关立案	
	007	服务监督员根据用户家中燃气设施等情况,核算赔偿数额,用户进行赔偿	
装表	008	用户交纳赔偿后,开具交款收据、装表通知单,用户写保证书	一
	009	会计员收到装表通知单,由用户交纳气表、管件的费用,会计员开具收据	
	010	客服中心维修员根据装表通知单和气表收据,进行安装气表,进行供气	

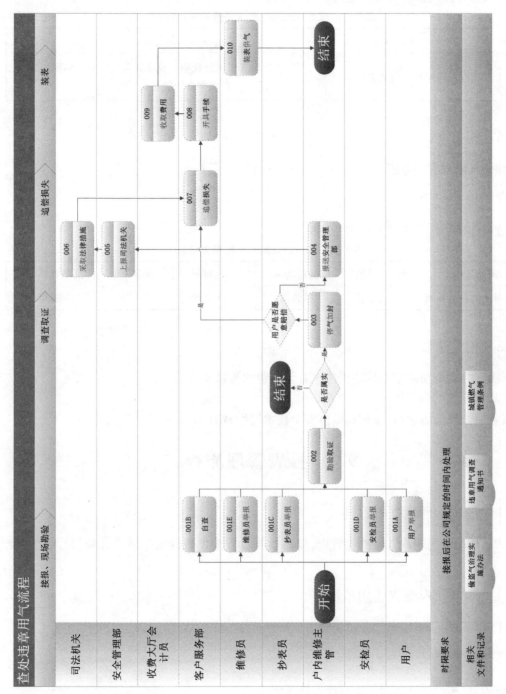

图 9-7　查处违章用气流程

9.6.5 流程关键绩效指标

查处违章用气流程关键绩效指标见表9-17。

表9-17 查处违章用气流程关键绩效指标

序号	指标名称	指标公式
1	违章用气成功处置率	违章用气成功处置率 = 成功处置违章用气起数/ 发现违章用气起数×100%

9.6.6 相关文件

偷盗气治理实施办法

9.6.7 相关记录

查处违章用气流程相关记录见表9-18。

表9-18 查处违章用气流程相关记录

记录名称	保存责任者	保存场所	归档时间	保存期限	到期处理方式
违章用气调查通知书	安检主管	维修所	每次完成	3年	封存

9.6.8 相关法规

《关于办理盗窃刑事案件适用法律若干问题的解释》
《城镇燃气管理条例》
《城镇燃气设施运行、维护和抢修安全技术规程》CJJ 51

9.7 抄表管理流程

9.7.1 抄表管理流程的目的

为了规范居民用户气表抄收管理,规范抄收过程中发现的安全隐患处理,特制定本流程。

9.7.2 抄表管理流程适用范围

本流程适用于城镇燃气公司居民用户抄表工作。

9.7.3 相关定义

抄表:对用户燃气表用气止码进行抄录。

9.7.4 抄表管理流程及工作标准

抄表管理流程见图9-8,抄表管理流程说明及工作标准见表9-19。

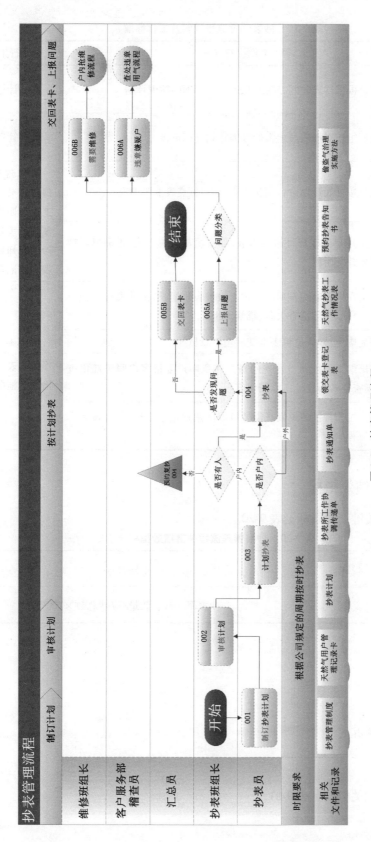

图 9-8 抄表管理流程

表9-19 抄表管理流程说明及工作标准

阶段	节点	工作执行标准	执行工具
制订计划	001	抄表员根据抄表时间,应抄户数,制订合理的抄表计划	抄表计划
审核计划	002	抄表班组长对抄表员上报的抄表计划进行审核	抄表管理制度
按计划抄表	003	抄表员按抄表计划进行领交表卡,填写领交表卡明细表	天然气用户管理记录卡、抄表所工作协调传递单、预约抄表告知书、抄表通知单、领交表卡登记表
按计划抄表	004	抄表员进户或在户外进行抄表,如实填写抄表方式,正确填写抄表通知单并交于用户	天然气用户管理记录卡、抄表所工作协调传递单、预约抄表告知书、抄表通知单、领交表卡登记表
交回表卡、上报问题	005A	抄表员在抄表期间发现的问题上报抄表班组长,由抄表班组长分类转交客户服务部稽查大队、维修班组长	天然气抄表工作情况表、偷盗气治理实施办法
交回表卡、上报问题	005B	抄表完毕后,抄表员将表卡交回至汇总员处	天然气抄表工作情况表、偷盗气治理实施办法
交回表卡、上报问题	006A	抄表班组长将抄表员发现的嫌疑违章用户上报客户服务部稽查员,由稽查员转入查处违章用气流程	天然气抄表工作情况表、偷盗气治理实施办法
交回表卡、上报问题	006B	抄表班组长将抄表员发现需要维修的用户报维修班组长,转入户内维修流程	天然气抄表工作情况表、偷盗气治理实施办法

9.7.5 流程关键绩效指标

抄表管理流程关键绩效指标见表9-20。

表9-20 抄表管理流程关键绩效指标

序号	指标名称	指标公式
1	抄表率	抄表率 = 抄表数量/应抄总数 ×100%

9.7.6 相关文件

抄表管理制度
抄表计划
偷盗气治理实施办法

9.7.7 相关记录

抄表管理流程相关记录见表9-21。

表 9-21 抄表管理流程相关记录

记录名称	保存责任者	保存场所	归档时间	保存期限	到期处理方式
天然气用户管理记录卡	抄表班长	抄表所	第二年抄表结束	3 年	封存
抄表计划	抄表班长	抄表所	每月底	1 年	封存
领交表卡登记表	抄表班长	抄表所	每月底	1 年	封存
抄表所工作协调传递单	抄表班长	抄表所	每月底	1 年	封存
天然气抄表工作情况表	抄表班长	抄表所	第二年抄表结束	3 年	封存

9.7.8 相关法规

《城镇燃气管理条例》

《城镇燃气设施运行、维护和抢修安全技术规程》CJJ 51

《燃气服务导则》GB/T 28885

第 10 章　安全管理体系运行

安全管理体系运行包括安全绩效评价,流程文件编制、发布与修订,纠正、预防措施管理,安全体系内部审核管理,安全体系管理评审等内容,如图 10-1 所示。

为了保障各要素的落地执行,引入流程管理方法,以流程为主线,各岗位为节点,制度规范与表单为工具,明确责任,提高运行效率。

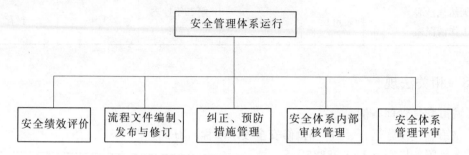

图 10-1　安全管理体系运行

各个流程的管控风险点如下所述。

(1)安全绩效评价:安全目标分解、安全目标考核。

(2)流程文件编制、发布与修订:流程梳理、流程编写和流程适宜性审批。

(3)纠正、预防措施管理:不符合原因分析、措施制定和措施有效性确认。

(4)安全体系内部审核管理:内审检查表的编制、内审实施、不符合项确认。

(5)安全体系管理评审:评审资料的编制、改进建议及方案的制定。

10.1　安全绩效评价流程

10.1.1　安全绩效评价流程的目的

为了加强安全生产目标管理和绩效管理,确保安全生产,特制定本流程。

10.1.2　安全绩效评价流程适用范围

本流程适用于安全绩效评价、安全绩效审核、安全目标管理等活动。

10.1.3　相关定义

安全目标管理:是目标管理在安全管理方面的应用,它是指企业内部各个部门以至每个职工,从上到下围绕企业安全生产的总目标,层层展开各自的目标,确定行动方针,安排安全工作进度,制定实施有效组织措施,并对安全成果严格考核的一种管理制度。

安全绩效:基于职业健康安全方针和目标,是与组织的职业健康安全风险控制有关的,职业健康安全管理体系的可测量的结果。绩效是可测量的,如职业病减少数量,未发生事故等。

10.1.4 安全绩效评价流程

安全绩效评价流程见图10-2,安全绩效评价流程说明及工作标准见表10-1。

表10-1 安全绩效评价流程说明及工作标准

阶段	节点	工作标准	执行工具
签订	001	公司与各相关部门签订年度安全目标责任书	安全目标责任书
	002	各部门组织对本部门各项安全目标进行细化分解,把目标层层明确到基层	
落实	003	根据公司安全目标的规定和要求,各部门落实各项安全工作	—
考核	004A	各部门每月按照安全目标责任书和考核手册规定的考核标准进行自评	考核办法、考核表、奖惩制度
	004B	安全管理部每月按照安全目标责任书和考核手册规定的考核标准对各部室进行考评	
	004C	战略管理部统一组织,由公司高管、各专业考核小组成员依照年度安全目标责任书对各部门逐一进行考核	
	005	安全管理部根据公司月度、年度考核结果,编制安全绩效考核报告	
	006	分管安全副总审批安全绩效考核报告	
	007A	战略管理部备案考核结果	
	007B	人力资源部根据考评结果,对相关单位进行奖惩	

10.1.5 关键绩效指标

安全绩效评价流程关键绩效指标见表10-2。

表10-2 安全绩效评价流程关键绩效指标

序号	指标名称	指标公式
1	目标分解完成情况	目标分解完成情况 = 已分解到岗位的目标/部门目标总数 × 100%
2	考核结果进行奖惩率	考核结果进行奖惩率 = 考核结果奖惩数/需奖惩事项数 × 100%

10.1.6 相关文件

安全生产目标管理制度
安全绩效考核办法

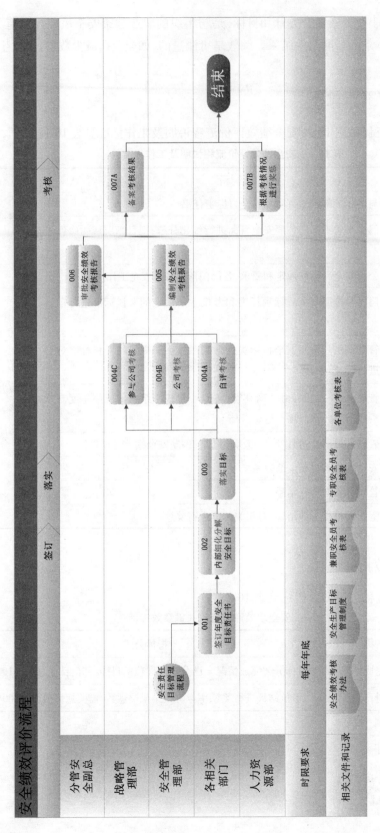

图 10-2　安全绩效评价流程

10.1.7　相关记录

安全绩效评价流程相关记录见表10-3。

表10-3　安全绩效评价流程相关记录

记录名称	保存责任者	保存场所	归档时间	保存期限	到期处理方式
兼职安全员考核表	安全管理部安全员	安全管理部	1年	2年	封存
专职安全员考核表	安全管理部安全员	安全管理部	1年	2年	封存
各单位考核表	安全管理部安全员	安全管理部	1年	2年	封存

10.1.8　相关法规

《职业健康安全管理体系　要求及使用指南》ISO 45001
《企业安全生产标准化基本规范》GB/T 33000
《城镇燃气经营企业安全生产标准化规范》　T/CGAS 002

10.2　流程文件编制、发布与修订流程

10.2.1　流程文件编制、发布与修订流程的目的

为了对职业健康与安全管理体系建设及维护,流程文件的编制、发布、修订工作进行规范化、专业化管理,特制定本流程。

10.2.2　流程文件编制、发布与修订流程适用范围

本流程适用于涉及职业健康与安全管理体系中流程文件的编制、发布、修订的全部活动。

10.2.3　相关定义

无。

10.2.4　流程文件编制、发布与修订流程及工作标准

流程文件编制、发布与修订流程见图10-3,流程文件编制、发布与修订流程说明及工作标准见表10-4。

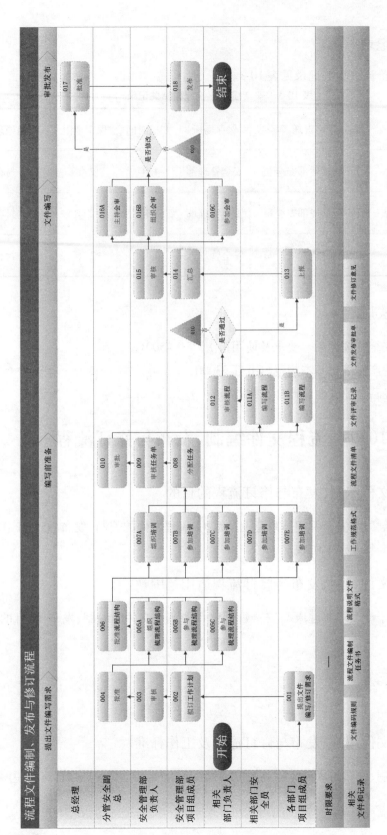

图 10-3 流程文件编制、发布与修订流程

表 10-4　流程文件编制、发布与修订流程说明及工作标准

阶段	节点	工作标准	执行工具
提出文件编写需求	001	各相关部门项目组成员根据部门工作业务需求,提出文件编写/修订工作需求	流程文件编制任务书
	002	安全管理部项目组成员对各部门提出的流程编制需求进行汇总登记,并拟订流程编制工作计划。工作计划应对开展流程编制的工作情况进行规划。工作计划报部门经理进行审核。如果部门经理和管理者代表对工作计划提出修改意见,应修改后再次进行审核	
	003	安全管理部负责人对安全管理部项目组成员拟订的流程编制工作计划进行审核,并提出修改意见。将修改后的工作计划报管理者代表进行批准。如果管理者代表提出修改意见,应将意见转达计划拟制人	
	004	分管安全副总对流程编制工作计划进行批准或提出相应的修改意见	
编写前准备	005A	相关部门负责人、安全管理部项目组成员、安全管理部负责人对流程结构进行梳理	文件发布审批单、流程文件清单
	005B		
	005C		
	006	分管安全副总批准流程结构	
	007A	安全管理部负责人组织相关人员进行方法培训,培训范围包括:安全管理部项目组成员,相关部门负责人,相关部门安全员及各部门项目组成员	
	007B		
	007C		
	007D		
	007E		
	008	安全管理部项目组成员分配流程编写任务	
	009	安全管理部负责人审核任务分配	
	010	分管安全副总对任务分配进行审批	
文件编写	011A	相关部门安全员及各部门项目组成员参与流程编制	文件评审记录
	011B		
	012	相关部门负责人审核编制流程	
	013	审核通过后各部门项目组成员将文件上报安全管理部项目组成员	
	014	安全管理部项目组成员收集并汇总各部门流程文件	
	015	安全管理部负责人对提交的流程文件进行审核	
	016A	分管安全副总主持会审	
	016B	安全部门负责人组织会审	
	016C	相关部门负责人参加会审	
审批发布	017	审核通过后提交总经理批准	文件发布审批单
	018	安全管理部项目组成员将经批准的流程文件进行发布	

10.2.5　关键绩效指标

流程文件编制发布与修订流程关键绩效指标见表 10-5。

表 10-5　流程文件编制发布与修订流程关键绩效指标

序号	指标名称	指标公式
1	流程文件编制覆盖率	流程文件编制覆盖率＝已编制流程文件数/流程文件需求总数×100%

10.2.6　相关文件

文件编码规则

流程说明文件格式

工作规范格式

10.2.7　相关记录

体系文件控制流程相关记录见表 10-6。

表 10-6　体系文件控制流程相关记录

记录名称	保存责任者	保存场所	归档时间	保存期限	到期处理方式
流程文件编制任务书	安全管理部安全员	安全管理部	文件发布后一个月	3 年	销毁
文件发布审批单	安全管理部安全员	安全管理部	文件发布后一个月	永久	—
流程文件清单	安全管理部安全员	安全管理部	文件发布后一个月	永久	—
文件修订意见	安全管理部安全员	安全管理部	文件发布后一个月	3 年	销毁
文件评审记录	安全管理部安全员	安全管理部	文件发布后一个月	永久	—

10.2.8　相关法规

《职业健康安全管理体系　要求及使用指南》ISO 45001

《企业安全生产标准化基本规范》GB/T 33000

《城镇燃气经营企业安全生产标准化规范》T/CGAS 002

10.3　纠正、预防措施管理流程

10.3.1　纠正、预防措施管理流程的目的

为了确保职业健康与安全管理体系运作过程中出现的不合格事项能够及时予以纠正，同时避免不合格事项重复发生，特制定本流程。

10.3.2　纠正、预防措施管理流程适用范围

本流程适用于城镇燃气公司职业健康与安全管理体系所有安全管理流程运作中出现的不合格事项。

10.3.3　相关定义

纠正措施:为消除已发现的不合格事项所采取的措施。

预防措施:预先做好事物发展过程中可能出现偏离主观预期轨道或客观普遍规律的应对措施。

10.3.4　纠正、预防措施管理流程及工作标准

纠正、预防措施管理流程见图10-4,纠正、预防措施管理流程说明及工作标准见表10-7。

表10-7　纠正、预防措施管理流程说明及工作标准

阶段	节点	工作标准	执行工具
签发纠正、预防措施报告	001	1.采取纠正措施的时机主要是在安全检查、内部审核、管理评审等流程中发现问题时。 2.内审组组长在各种审核、检查中一旦发现流程运作出现不合格,或存在潜在不符合项目时,均可提出采取的纠正措施,并填写纠正、预防措施报告登记表。登记表应提交至公司安全管理部汇总。 3.内审组组长对提出应采取纠正措施的不合格事项,进行确认并签发	纠正、预防措施报告登记表
	002	分管安全副总在采取纠正措施前应对措施需求进行评价,尤其是对偶然的、个别的或需要投入很大成本才能消除原因的不合格项目,要充分考虑风险、利益、成本的关系,通过综合评审这些不合格项目对公司的影响后再作出是否需要采取纠正措施的决定。但对于内审或管理评审中确定的不合格项,应采取相应的纠正措施并确定纠正措施的实施责任部门	
提出、实施措施	003	内审组组长通知责任部门领取纠正、预防措施报告登记表,责任部门在纠正、预防措施报告登记表中签名登记	—
	004A 004B	安全管理部安全员、责任部门组织针对"不合格项目描述"进行原因分析,并将分析结果记录在纠正、预防措施报告对应栏目;安全员参与	
	005	通过原因分析,责任部门提出可行和有效的纠正、预防措施提交本单位负责人进行审核	
	006	安全管理部安全员对本单位提出的纠正、预防措施进行审核	
	007	内审组组长对责任部门提交的纠正、预防措施进行确认,并报送分管安全副总进行审批	
	008	分管安全副总对纠正、预防措施进行审核批准	
	009	纠正、预防管理措施审核批准后,责任部门按纠正、预防措施要求对存在不合格项目或问题进行全面整改	

阶段	节点	工作标准	执行工具
确认措施	010	整改期限后,内审组组长组织对纠正、预防管理措施的实施效果进行验证。 1.通过验证,根据整改情况,判断整改结果: (1)整改完成但无效,则返回 004 重新进行原因分析,按流程步骤进行; (2)整改未完成,则返回 009 继续实施直至措施全部完成; (3)整改完毕且有效,则关闭问题。 2.验证结果记录在纠正、预防措施报告对应栏目	—
	011	验证结果为"整改完毕且有效",则由内审组长将问题关闭,并在纠正、预防措施报告验证责任人栏目上签字	
	012	安全管理部安全员将报告验证结果记录在纠正、预防措施报告登记表中,统计汇总纠正、预防管理措施实施情况,并将形成的统计分析资料作为管理评审流程的依据	

10.3.5 关键绩效指标

纠正措施管理流程关键绩效指标见表 10-8。

表 10-8 纠正措施管理流程关键绩效指标

序号	指标名称	指标公式
1	纠正措施完成率	纠正措施完成率 = 已完成纠正措施/纠正措施提出数 × 100%

10.3.6 相关文件

纠正、预防措施管理办法

10.3.7 相关记录

纠正、预防措施管理流程相关记录见表 10-9。

表 10-9 纠正、预防措施管理流程相关记录

记录名称	保存责任者	保存场所	归档时间	保存期限	到期处理方式
纠正、预防措施报告	安全员	安全管理部	每年 3 月前	3 年	封存
纠正、预防措施报告登记表	安全员	安全管理部	每年 3 月前	3 年	封存

10.3.8 相关法规

《职业健康安全管理体系 要求及使用指南》ISO 45001
《企业安全生产标准化基本规范》GB/T 33000
《城镇燃气经营企业安全生产标准化规范》T/CGAS 002

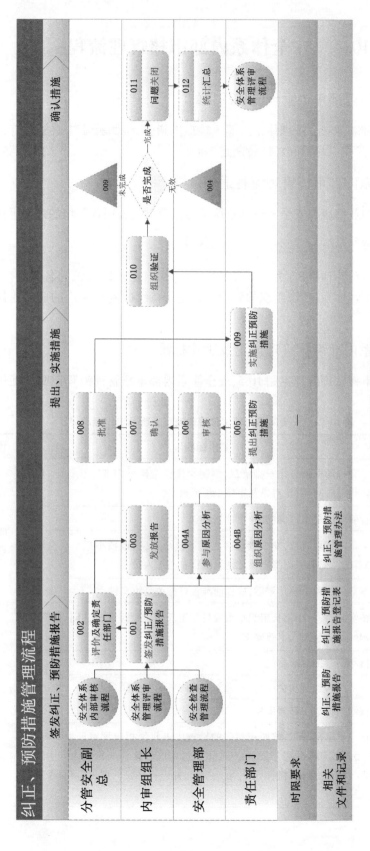

图 10-4　纠正、预防措施管理流程

· 219 ·

10.4 安全体系内部审核管理流程

10.4.1 安全体系内部审核管理流程的目的

为对公司职业健康与安全管理体系内部审核提供指引,从而验证体系是否符合规定要求,是否得到有效地运作、保持和改进、特制定本流程。

10.4.2 安全体系内部审核管理流程适用范围

本流程适用于职业健康与安全管理体系所覆盖城镇燃气公司各单位的内部审核。

10.4.3 相关定义

内部审核:内部审核有时也称为第一方审核,由组织自己或以组织的名义进行,审核的对象是组织自己的管理体系,验证组织的管理体系是否持续的满足规定的要求并且正在运行。

10.4.4 安全体系内部审核管理流程及工作标准

安全体系内部审核管理流程见图 10-5,安全体系内部审核管理流程说明及工作标准见表 10-10。

表 10-10 安全体系内部审核管理流程说明及工作标准

阶段	节点	工作标准	执行工具
审核准备	001	安全管理部根据工作安排情况,编制年度安全体系内部审核计划,应包括具体审核时间、审核对象及审核小组成员	年度内部审核计划
	002	分管安全副总审核、批准内审计划	
	003	根据审核计划要求,安全管理部成立审核小组,由审核小组组长分配组员审核任务,提前一周将审核计划发给审核相关人员	
	004	受审部门接到审核计划后,应提前准备好相关受审文件	
审核	005A	审核实施时,由小组长组织小组成员与责任单位管理人员共同召开首次会议,介绍小组分工、审核要求	内部审核检查表
	005B	审核小组参加首次会议	
	005C	受审部门参加首次会议,确定相关审核内容的业务联系人	
	006A	审核组组长组织开展审核	
	006B	审核小组根据分工,按照审核表的检查要求收集相应评审证据,并逐项打分,得到各专项分类分数及总分,审核过程应收集各项检查内容中发现的亮点与不足,见证材料以照片形式提交,并进行必要的评价,填写在审核表备注栏中	

阶段	节点	工作标准	执行工具
审核	006C	受审部门接受审核	内部审核检查表
	007A	审核结束时,由审核组组长组织小组成员与受审部门管理人员共同召开末次会议,反馈审核结果,受审部门可对相关问题予以澄清	
	007B	审核小组参加末次会议	
	007C	受审部门参加末次会议,对审核相关问题予以澄清	
	008	审核小组各成员应对评审过程中的发现进行归类并提交评审结论,评审结论包括已打出分数的评审表及评审小结	
	009	审核组组长对小组成员的评审结论进行汇总后提交安全管理部	
	010	按具体格式要求形成公司的综合安全体系内审报告,供给公司领导班子决策之用	
发放审核报告	011	领导班子对内审报告进行审核,若提出修改的,由审核组组长进行修改	内部审核报告
	012	安全管理部发放内部审核报告及隐患整改内容,要求受审部门按照隐患整改流程进行整改,安全管理部做好备案工作	

10.4.5 关键绩效指标

安全体系内部审核管理流程关键绩效指标见表 10-11。

表 10-11 安全体系内部审核管理流程关键绩效指标

序号	指标名称	指标公式
1	内部审核准确率	内部审核准确率 = 内审确认项/内审问题项 × 100%

10.4.6 相关文件

安全审核制度

10.4.7 相关记录

安全体系内部审核管理流程相关记录见表 10-12。

表 10-12 安全体系内部审核管理流程相关记录

记录名称	保存责任者	保存场所	归档时间	保存期限	到期处理方式
年度内部审核计划	安全管理部安全员	安全管理部	1 年	3 年	封存
内部审核实施方案	安全管理部安全员	安全管理部	1 年	3 年	封存
内部审核报告	安全管理部安全员	安全管理部	1 年	3 年	封存
内部审核检查表	安全管理部安全员	安全管理部	1 年	3 年	封存

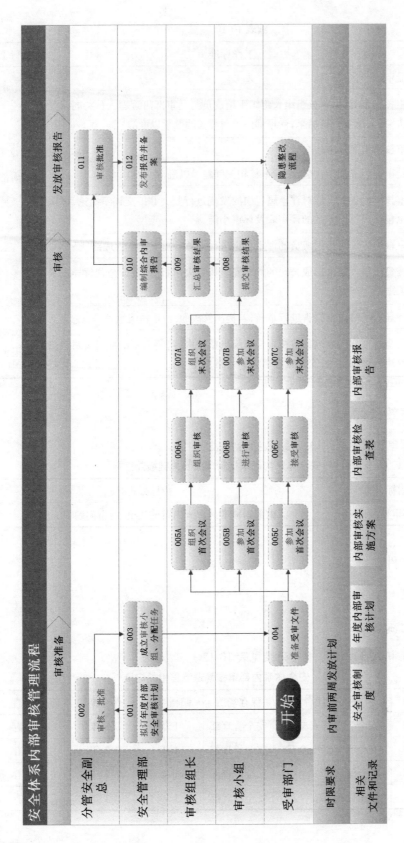

图 10-5　安全体系内部审核管理流程

10.4.8　相关法规

《职业健康安全管理体系　要求及使用指南》ISO 45001
《企业安全生产标准化基本规范》GB/T 33000
《城镇燃气经营企业安全生产标准化规范》T/CGAS 002

10.5　安全体系管理评审流程

10.5.1　安全体系管理评审流程的目的

为对公司职业健康与安全管理体系进行评审,确保公司方针、目标和管理体系的适宜性和有效性,以满足认证标准要求和相关方期望,确保公司安全生产形势的平稳,特制定本流程。

10.5.2　安全体系管理评审流程适用范围

本流程适用于城镇燃气公司职业健康与安全管理体系的综合评价。

10.5.3　相关定义

第二方审核:由组织的相关方(如客户)或由其他人员以相关方的名义进行的审核。
第三方审核:由外部独立的组织进行的审核。这类组织提供符合体系标准要求的认证或注册。
相关方:与组织的业绩或成就有利益关系的个人或团体。

10.5.4　安全体系管理评审流程及工作标准

安全体系管理评审流程见图10-6,安全体系管理评审流程说明及工作标准见表10-13。

表 10-13　安全体系管理评审流程说明及工作标准

阶段	节点	工作标准	执行工具
确定评审计划	001	安全管理部负责人负责安排编制管理评审计划,并交分管安全副总、管理者代表审核。评审计划内容包括:评审目的和范围、评审时间安排、评审的项目和有关要求、参加评审的人员、有关评审的准备资料等。一般情况下,应在管理评审实施前一个月开始编制评审计划	管理评审计划
	002	分管安全副总审核管理评审计划	
	003	总经理批准管理评审计划的实施	
	004	安全管理部负责人向公司管理层全体成员、全体部门及分公司负责人发出管理评审计划,并作好文件发放/回收记录。通知各单位负责人作好评审准备	

阶段	节点	工作标准	执行工具
编制安全报告	005A	分管安全副总或其授权委托人汇总各单位体系运行情况和体系审核结果,形成体系运行专项报告(公司安全报告)作为评审会的基础,其内容应包括: (1)审核结果; (2)来自外部相关方面的交流信息,包括投诉; (3)组织的安全绩效; (4)目标和指标的实现程度; (5)纠正和预防措施的状况; (6)以往管理评审的后续(跟踪)措施; (7)可能影响体系的变更,包括外部客观环境的变化,如有关法律法规的变化等; (8)改进的建议	—
	005B	参加管理评审的各部门负责人按照管理评审计划的要求准备评审资料,并形成本部门的体系运行报告(各单位安全报告)	
召开管理评审会议	006A	总经理主持管理评审会议,对评审会所涉及的评审内容作出结论	管理评审会议纪要
	006B	公司各分管副总应参加管理评审会议,并根据评审项目需要或按照总经理要求汇报归口管理工作情况,提出改进建议	
	006C	分管安全副总负责组织会议,并作体系运行总体汇报,汇报归口管理工作及体系维护总体情况,并提出改进建议	
	006D	安全管理部负责人参加评审会议,并作好记录形成管理评审会议纪要,提醒与会者签到	
	006E	1.各部门负责人根据评审项目的需要或总经理要求作出汇报。 2.必要时,评审项目所涉及的相关人员参加评审会	
	007	会议产生改进方案应由公司总经理在评审会议上进行确定	
	008	评审会后,安全管理部组织相关人员,根据会议意见编制管理评审报告,如果需要针对某项整改问题提出改进方案,则由各部门负责人组织编制并提交至安全管理部	
发放评审报告	009	公司各分管副总对安全管理部汇总编制的管理评审报告进行审核	管理评审报告
	010	公司总经理批准管理评审报告,批准改进方案的实施	
	011	安全管理部发放管理评审报告至各单位,发放改进方案至相关单位,同时作好文件资料发放/回收记录	

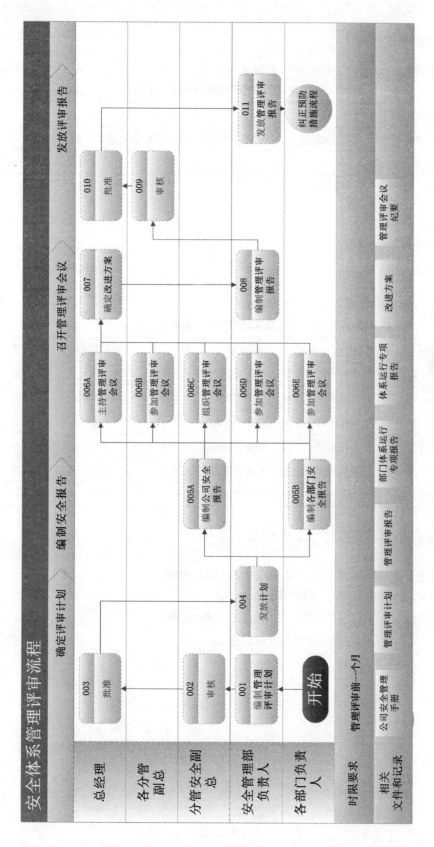

图 10-6 安全体系管理评审流程

10.5.5 关键绩效指标

安全体系管理评审流程关键绩效指标见表10-14。

表10-14 安全体系管理评审流程关键绩效指标

序号	指标名称	指标公式
1	改进方案覆盖率	改进方案覆盖率＝有确定改进方案的问题/管理评审上的所有问题×100%
2	管理评审会议到会率	管理评审会议到会率＝管理评审参会人员/需参会人员×100%

10.5.6 相关文件

公司安全管理手册

10.5.7 相关记录

安全体系管理评审流程相关记录见表10-15。

表10-15 安全体系管理评审流程相关记录

记录名称	保存责任者	保存场所	归档时间	保存期限	到期处理方式
管理评审计划	安全管理部安全员	安全管理部	1 年	3 年	封存
部门体系运行专项报告	安全管理部安全员	安全管理部	1 年	3 年	封存
体系运行专项报告	安全管理部安全员	安全管理部	1 年	3 年	封存
管理评审报告	安全管理部安全员	安全管理部	1 年	3 年	封存
改进方案	安全管理部安全员	安全管理部	1 年	长期	封存
管理评审会议纪要	安全管理部安全员	安全管理部	1 年	3 年	封存

10.5.8 相关法规

《职业健康安全管理体系　要求及使用指南》ISO 45001
《企业安全生产标准化基本规范》GB/T 33000
《城镇燃气经营企业安全生产标准化规范》T/CGAS 002